イネが語る日本と中国

交流の大河五〇〇〇年

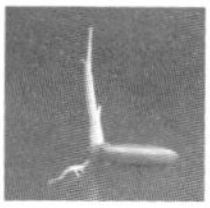

佐藤洋一郎……著

図説❖中国文化百華 004

農文協

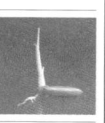

イネが語る日本と中国

交流の大河五〇〇〇年

目次

デザイン　田内　秀

はじめに

日本と中国の間の文化的な絆の中で、イネとその文化ほど強く、また長い歴史をもつものはない。イネは、その種子が米として利用されるようになって、おそらく一万年をはるかに超える歴史を持つ。ヒトがそれを手なずけ、栽培するようになってからでも、一万年に達しようかという時間が経過した。その後、イネと稲作あるいはそれにまつわる稲作の文化は、長江の流域に「長江文明」という文明を形作ってゆく。その影響は、遅くとも今から五〇〇〇年近く前には日本列島に達し、その後の日本列島の生態系や文化を大きく規定してゆくことになる。

むろん中国にも日本にもイネや稲作とのかかわりを持ってこなかった文化が存在した。とくに中国では、北の黄河流域に興った黄河文明がその後の中国を決めてきたといってよい。しかし黄河文明は長江文明を飲み込んで後すぐにイネと稲作を受容し、異文明の主穀であるイネを積極的に取り入れた。日本でも列島の北半分では、イネや稲作が伝わったのが列島の西半分よりずっと遅れたにもかかわらず、今では米どころといえば列島北部のことをいうありさまである。イネや米には、ことばにはできない何か特別の魔力があるのかもしれない。

こうした不思議な魔力をもつイネを通して、日本と中国の関係をもう一度見直してみたい。それが本書に託した私のねらいである。当初私は、イネとその文化は中国から日本へと、まったく一方的に、そしてまた多量に流し込まれたものと考えていた。ところがいろいろと調べを進めるうち、私は、両者のイネや稲作が、ある一面では兄弟のように似ていながらも、また別の面では従来言われてきたほどに似通っているわけではないということに気がつき始めた。それらは渡来というヒトの意思、つまりフィルターでろ過され、微妙にその姿かたちを変えてきたのである。そして、このろ過という過程がまさに文化そのものなのである。イネと稲作の違いから、日・中の文化的な共通点と相違点とをうまく浮き彫りにできれば、幸いである。

■ 1

ジャポニカのイネは中国生まれ

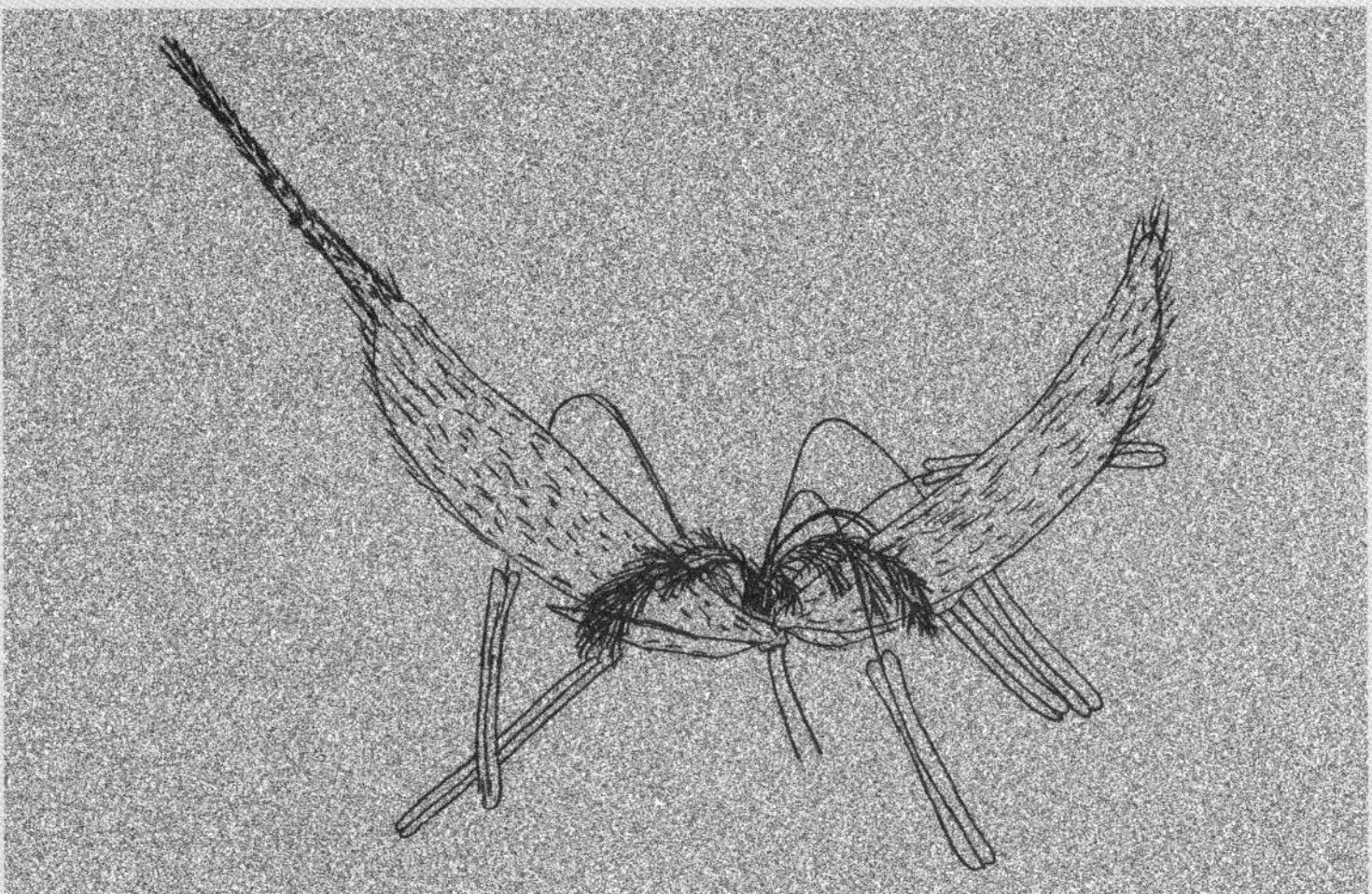

長江流域の遺跡から出土したイネたち

そもそもイネのおこりは中国大陸にある。今世界各地で発見されている稲作遺跡のうち、七〇〇〇年をさかのぼる年代を持つものは長江（揚子江）の中・下流域以外の地には見つかっていない。こうしたことから、世界で最初にイネが栽培されたのが、長江の中・下流域であることがわかる。

長江中流の湖南省や江西省南部の山岳地帯には多数の洞穴遺跡が見つかっており、そのいくつかからはイネの遺存体*など、人がイネとかかわっていた痕跡がいくつもみつかっている。このあたりは石灰岩が作る複雑な地形をなしており、奇抜な形の山々が連なるところとして知られる。日本でも有名な桂林（広西壮族自治区）もこの一角にある。

湖南省の玉蟾岩《ぎょくせんがん》遺跡の約一二〇〇〇年前の地層からは野生イネのものと思われるイネの種子が出土している。もっともこの年代値は地層の年代であって、そのイネ種子の年代ではない。よって玉蟾岩遺跡の野生イネが本当に一二〇〇〇年前のものかどうかはわからない。同じく、江西省の仙人洞遺跡からも、一一〇〇〇年前とも一四〇〇〇年前とも言われる地層から、イネの籾殻にたまっていたと思われるケイ酸質が発見されている。これも、年代の値は地層の年代なので、正確なことはわからない。

これら華南の山岳地帯から少し北に移動すると、長江やその支流が作った大氾

遺存体　遺跡から出土した動植物の遺体

桂林の奇岩

杜子春（とししゅん）　唐代成立の小説。『杜子春』または『杜子春伝』。「愛」と断ち切れず仙界に昇れなかった杜子春という男の話。日本では芥川龍之介の翻訳小説が有名。

濫原に出る。この地域は、氾濫原とは言うものの、平野と平野の間にはそれ以前の地層が作ったなだらかな丘が連なり、全体としては複雑な地形をなしている。大きな低地にはかの杜子春*で著名な洞庭湖（湖南省）や鄱陽湖（江西省）などの浅くて広い湖が広がっている。これら湖沼のふちやその上に広がる扇状地にも太古の稲作遺跡が広がっている。それらのうちのひとつ、城頭山遺跡（六五〇〇年まえ）からは巨大な宮殿または神殿とも思われる建物跡のほか、城郭と思われる構造物やそれに伴う門などの都市機能、さらには多量のイネ籾などの遺物が発見されている。この遺跡は、梅原猛*氏や安田喜憲*氏らが長江文明の探求の一環として発掘した遺跡のひとつであり、その解明が待ち望まれているもののひとつである。また、城頭山遺跡の数キロ南には、籾の圧痕がついた九〇〇〇年前のものとも言われる土器のかけらがみつかった彭頭山遺跡*がある。

長江下流にも、この地が太古から稲作が営まれてきたことを示す幾多の遺跡が発見されている。浙江省の河姆渡遺跡や羅家角遺跡は約七〇〇〇年前の稲作遺跡とされる。このうち河姆渡遺跡では多量のイネ籾とともに膨大な量の農具や建物あと、さらには精巧な道具や土器などが出土して大きな話題となった。発掘現場には、発掘当時の建物あとが発掘された状態で保存され、往時の姿がしのばれる。また、出土したイネ種子の中には、あとに述べる野生イネの種子が混ざっており、七〇〇〇年前の人々がまさにここで野生イネを栽培イネに改良しつつあったことがわかっている。

梅原猛（うめはらたけし）1925年宮城県生まれ。哲学者、作家。

安田喜憲（やすだよしのり）1946年三重県生まれ。理学博士。環境考古学者。環境と文明の関係を研究。

彭頭山遺跡 湖南省澧県にある遺跡。城頭山遺跡のすぐそばにあるが、その年代は城頭山遺跡よりやや古い。

出土した建物跡［河姆渡遺跡］

イネはインディカとジャポニカという二つのグループに分かれる。詳しくはまたあとで書くが、両者はその祖先を異にするほどに違った存在である。インディカとジャポニカの違いはその種子の形や食感にあるとよくいわれるが、それは俗説でただしくない。長江流域の遺跡から出土したイネ種子（五〇〇〇年ないし七〇〇〇年前）からＤＮＡ*（デオキシリボ核酸）を取り出して調べてみると、この時期、この土地のイネのほとんど全部がジャポニカであるとの結論がでた。つまり、数千年前の長江流域のイネはジャポニカのイネだったことになる。

イネの祖先、野生イネとはどんなイネか

イネの祖先となった種を野生イネという。また広義には、祖先型の野生イネの近縁種が野生イネに含まれる。中国には全部で四種の野生イネがある。中国にある祖先型*の野生イネは、植物学的にはオリザ・ルフィポゴンと呼ばれる種に属する。祖先型野生イネには他にもうひとつ、オリザ・ニヴァラという種が知られ、それぞれ、ジャポニカ、インディカの祖先であると考えられている。もっとも研究者によっては私たちのイネ（オリザ・サティヴァ）はひとつの野生イネから進化してきたとの説をとるものもあって、完全な見解の一致をみているわけではない。とくに、一昔前までの大研究者たちはこぞって、ひとつの祖先からの進化説を唱えている。例えば中国人研究者の丁頴*らは、多年生*の野生イネから一年生*野生イネが進化し、さらにそのなかからインディカ、ジャポニカを含む栽培イネが

ＤＮＡ　あらゆる生命の細胞にあって遺伝子として生命情報をつかさどる実体

インディカ(右)とジャポニカ(左)の籾の集合写真

祖先型　作物の直接の祖先となった野生種

多年生　寿命が尽きるまでに1年以上の時間を経る性質

一年生　春発芽して秋に種子をつけると枯れてしまう性質

オリザ・ルフィポゴンの集団［タイ・プラチンブリ県］

オリザ・ニヴァラの集団［カンボジア］

生じたというシナリオを考えた。また日本を代表するイネの遺伝学者であった岡彦一*（一九一六―一九九六）はこれとは少し違ったシナリオを書いている。それによると、インディカとジャポニカは、「多年生と一年生の中間型」の野生イネから進化したという。なお岡博士は、中国の大学院で中国語で講義するほど中国語に堪能であられた。

中国に今も残る野生イネ

ところで中国は、イネの原種である野生イネを今も残している国のひとつである。といってもその分布域は北緯二八度よりも南の地域に限られる。

中国における野生イネの分布の北限にあたるのが、江西省東郷県にあるひとつの集団である。じつはここは世界における野生イネ自生地の北限でもある。かつては田園地帯の一角のちょっとした低地に野生イネの集団がぽつんと残されているという感じであったが、これが野生イネの北限という話を聞きつけた省政府などの手によって、今では集団全体がフェンスで囲まれ左頁写真のようなりっぱな門までできてしまった。こうでもしないと「絶滅危惧種*」である野生イネを護れないという中国政府の判断もあったのだろう。門の鍵はいくつかのコピーが作られ、それらは北京や杭州の研究者たちの手中にもあるという。

東郷のある江西省からさらに南の湖南省、広東省、さらにその西の広西壮族自治区などには、多くの野生イネの群落がある。その多くはルフィポゴンの集落だ

丁頴→p.76
岡彦一→p.74

野生イネの分布の北限

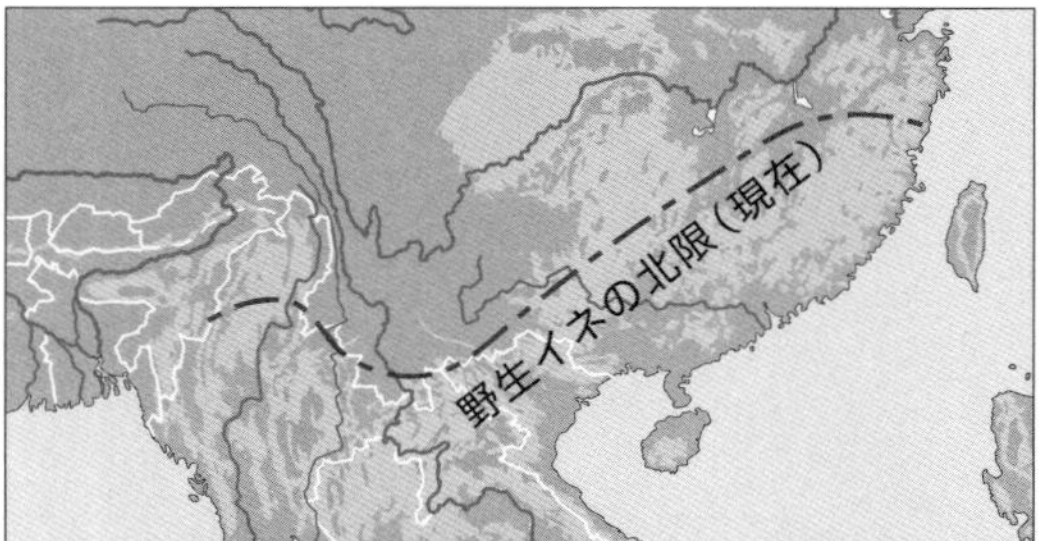

絶滅危惧種　環境の変化などによってその数を急速に減らしており将来絶滅の恐れがある種。野生イネは正確には絶滅危惧種ではないが、それに準ずるほどにその姿が減りつつある。

東郷県の野生イネ集団

広西省南寧郊外で

が、なかにはニヴァラを思わせる集団も混ざっている。奇岩つらなる景勝の地として有名な桂林は広西壮族自治区にあるが、この桂林にもルフィポゴンの集団があった。私が桂林の野生イネを初めて見たのは一九九五年の一〇月であった。桂林から広西壮族自治区の省都・南寧に向かう主要道を小一時間走った周家村に、そのイネの集団はあった。周囲にはサツマイモや野菜の畑が広がっていた。そして、少し低くなったところは、湿性の草が生い茂り、そのなかにルフィポゴンがひっそりと生えていた。さらに二年を経た一九九八年二月にも私は桂林を訪ねたが、このときには周家村には野生イネの姿はもうなかった。あたり一帯にあったはずの畑は、いくつもの養魚池にその姿を変えていた。中国でも、いまは米余りである。米の値段は高くない。それならば、と、人びとは米つくりをやめてもっと収益性の高いものを生産しようと考える。大観光地をひかえた桂林郊外では、人びとは米つくりをやめて養魚池を作り出した。

　二〇〇二年一〇月、池部誠*さんらのグループは同じ周家村に野生イネを訪ねる旅をされた。その模様は全日空の機内誌「翼の王国」に出たので、あるいはご存知の方がおられるかもしれない。野生イネは、四年前の位置にはもはやなかった。そこはやはり養魚池になってしまっていた。池部さんが農民たちから聞き取ったところでは、野生イネは完全に絶滅してしまったわけではなく、別な場所にわずかながら生息しているとのことであった。桂林では野生イネは、ヒトの土地利用の間隙をぬって、あたりを転々としている。

周家村の風景

池部誠（いけべまこと）1942年東京生まれ。ノンフィクション作家。著書に『野菜探検隊世界を歩く』『野菜探検隊アジア大陸縦横無尽』（共に文芸春秋）

桂林近くの田や畑。墨絵の世界が広がる

広がる造成中の養魚池

中国での野生イネの保全活動

中国でも野生イネは急速に減少しつつある。中国政府も、広西壮族自治区政府もその実態はよく理解していて、その保護に力をいれている。南寧にある広西壮族自治区農業科学院の遺伝資源研究所には各地の野生イネの集団から集められた株がそのまま保存されている。遺伝資源の保存というと、ふつう、種子を冷蔵庫に保存するいわゆる遺伝子銀行*での保存が中心である。しかしこの研究所での保存は種子の保存ではなく、株の保存、つまり今で言うところの動態保全*のひとつである。

研究所の一角に土塀で周囲を囲んだ、特別な実験田がある。入り口のドアには厳重な鍵がかけられ、限られた人にしか立ち入りができないようになっている。しかも土塀のてっぺんにはガラスのかけらがいっぱい突き立てられていて、外部から簡単に浸入できないようになっている。当時所長だった稜さんが中を案内してくださった。実験田の中は写真のように、一辺五〇センチほどのコンクリート製の枠がたくさん作ってあって、そのひとつずつの枠の中に、ひとつの場所から採って来られた野生イネが植えられている。

この研究所の野生イネの保全システムのすぐれたところは、多数の系統を株のままで保全することで、その遺伝的な性質を変えないのが大きな特徴である。種子での保存では、雑種性を保ち続けることがどうしてもできないのである。

遺伝子銀行　作物の古い品種などの種子や細胞を長期にわたって保存しておく施設

動態保全　野生イネなどの保全にあたり、その種子やクローンだけを施設内に保全するのではなく、その種《しゅ》がもともと生息していた土地で、あるがままの状態で保全しようという考え方。

野生イネを保存する実験田［広西壮族自治区農業科学院］

株で保存される野生イネ［同上］

今では、こうした動態保全の考え方はかなり浸透し、世界各地にその施設が誕生しつつある。しかし研究所がこの施設を立ち上げたのは、おそらくまだ一九九〇年代のことであった。稜所長率いる研究所の先見性のゆえんであろう。

ほ場*を歩き回っていると、研究所が施設内の野生イネをよく手入れしていることが手に取るようにわかった。まず、草はちゃんと手で取って、イネ以外の植物がはびこらないようにされている。雑草は、除草剤ではなく、手で取られているのである。なぜ除草剤を使わないのかと聞いたところ、野生イネの中には除草剤に弱いものがあるかも知れず、そうだとすれば除草剤によって貴重な遺伝資源を失ってしまう恐れがあるからとのことだった。さらに、種子からの苗が生えてこないように、出た穂はすべて、種子が実る前に抜き取られる。穂を抜いた後の株にはちゃんと肥料を与え栄養成長を助けている。こうすることで、元の株の遺伝質がちゃんと保存されているのである。

野生イネは、先に紹介した東郷県でも保全の対象にされている。保全プロジェクトの責任者の一人である北京農業大学の王象坤さんも暇をみては東郷県の現場を訪れ、集団の趨勢に目を配っている。

中国での野生イネの保全には、もちろん亜熱帯にある南寧や東郷の気候が味方していることはいうまでもない。冬でも沖縄並みに暖かい土地でなければ、このような施設はできなかったことは確かである。しかし私にはそれ以上に、こうした施設を作ろうとした中国の研究者たちの深慮遠望がうらやましかった。

ほ場（圃場）はたけ

野生イネと王象坤さん

東郷野生イネの保護区

ジャポニカの稲は多年草。稲刈りの後に出る「ひこばえ」がその何よりの証拠［静岡市］

河姆渡遺跡にも野生イネがあった

イネは野生イネから進化して生じたイネである。栽培イネが生まれた土地には野生イネがあったはずである。野生イネがなかったところがイネの起源地であったはずがない。今ではイネの起源地は長江の中、下流域にあるとされているが、現在この地に野生イネはない。このことが、長江中、下流をイネの起源地であるとする考えの足をひっぱってきた。ところが、古い時代の文献を見ると、長江流域にはわずか四〇〇年ほど前まで野生イネがあった様子が知れる。中国の研究者らによると、長江流域ではこの一五〇〇年ほどの間に、野生イネの記録が一〇回以上登場するという。今の長江流域に野生イネがないことは、過去にそこに野生イネがなかったことを証明するものではない。

ではもっと古い時代にはどうだったのか。じつは、すでに名前が出た河姆渡遺跡（紀元前五〇〇〇年）から出土したイネの種子の中に野生イネのものと思われるものが混ざっていたのである。一九九二年に私は、揚陸建・浙江省博物館副館長、湯圣祥・中国水稲研究所*研究員（いずれも当時）らとともに、浙江省博物館に収蔵されていた八一粒のイネ種子の構造を電子顕微鏡で調査した。調査のポイントは二つあった。ひとつは芒（ぼう＝のげのこと）といわれるとげ様の器官の有無と、芒がある場合には芒の表面に生えたトゲ（鋸歯《きょし》）の長さと着生密度を調べることである。第二のポイントはその種子が穂から自然に脱粒したものかそれ

→p.183

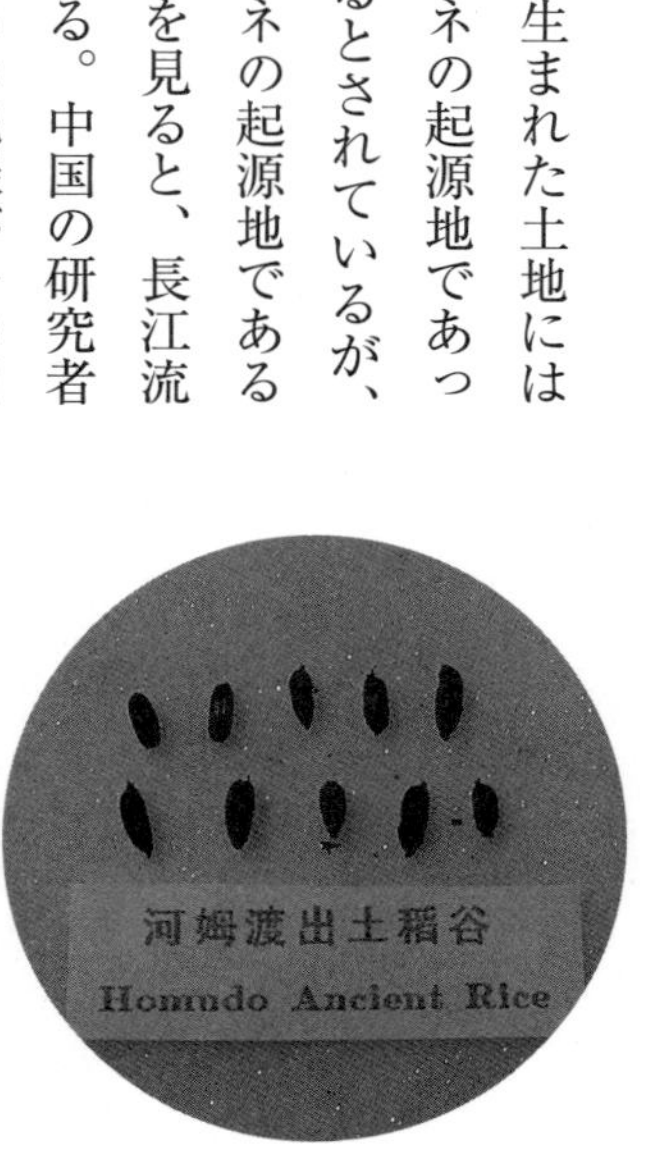

河姆渡遺跡から出土したイネの種子

歴代古書に現われる野生イネの記述

年代	年号	内容
231	呉、黄竜3年	由拳に野生稲が自生、禾興県と呼ぶ。(呉書)
446	宋、元嘉23年	呉郡加興塩官県、野稲30種が自生。(宋書29巻)
537	梁、大同3年	9月、徐州境内2000畝(ムウ)。(梁書3巻) 秋、呉境に野稲が生え、飢者の利益。(文献通考)
731	唐、開元19年	4月、楊州に稲と穭生稲210頃、再熟稲1800、その粒は常稲と異ならない。(唐会要28巻)
852	唐、大中6年	9月、淮南節度使杜悰奏によると海陵、高郵両県の百姓は官河中で異米を漉して煮て食べる。圣米と呼ぶ。(文献通考)
874	唐、乾符元年	滄州本魯城—野稲水谷10余頃が生え、燕魏の飢民がこれを食べる。(新唐書、地理志39巻)
967	宋、乾徳5年	4月、襄州符陽県民田に自生の稲が生えて実る。(図書集成)
979	宋、太平興国4年	8月、宿州符離県埤湖に稲が生え民衆はこれを食べる。 圣米という。(文献通考)
994	宋、淳化5年	温州静光院に穭生の稲が石の割れ目に生え、9穂が皆実った。(図書集成)
1010	宋、大中祥符3年	江陵公安県民田から穭生の稲400斛を採った。(文献通考)
1013	宋、大中祥符6年	2月、泰州管内四県に圣米が生え実を採った。(文献通考)
1023	宋、天聖元年	6月、蘇・秀二州の湖田に圣米が生え飢民はこれを採って食べた。(文献通考)
1047	宋、慶歴7年	渠州、石照等5県に野谷穭生し飢民に役立った。(図書集成)
1580	明、万歴8年	9月、四郷に圣穂数百が生えた。(豪城県志、図書集成)
1613	明、万歴41年	秋7月、大水、野稲を収穫した。1畝12石あった。(肥郷県志、図書集成)

出典：岡彦一編訳『中国古代遺跡が語る稲作の起源』(八坂書房 1997)

ともヒトが人為的に脱粒させたものか否かを調べることである。

第一のポイントである芒の鋸歯について詳しく説明しておこう。イネには芒のある品種とない品種とがあるが、野生イネには例外なく芒がある。だから芒のないイネ種子は栽培イネの種子であると考えて差し支えない。芒のある種子はそのどちらとも判断がつかないが、芒の基部にある鋸歯の形を野生イネと栽培イネで比べてみると大きな違いがあることがわかった。つまり栽培イネの芒には鋸歯がないかあってもごくわずかであるのに対して、野生イネでは長さも密度も栽培イネのそれを大幅にうわまわる。鋸歯の密度と長さの間には負の相関があり、多年生の系統（ルフィポゴンの系統）は低密度ながら長い鋸歯を、また一年生の系統（ニヴァラの系統）はこれとは反対に短い鋸歯を高密度でもっている。

この図には、調査した河姆渡遺跡出土のイネ種子八一粒のうち芒のあった四粒のデータを加えてある。なお芒があった種子は五粒であったが、そのうちの一粒では芒のいたみが激しく正確なデータをとることができなかった。そして残る四粒の位置は、図にあきらかなようにルフィポゴンの分布の範囲におさまった。つまり河姆渡遺跡出土の、芒のあった種子のうち少なくとも四粒は多年生型の野生イネであった可能性が高いといえる。とすれば、野生イネの種子は全体（八一粒）のなかの五パーセントほどにすぎないことになる。

河姆渡遺跡のイネ種子は、倉庫のような建物跡から出土したものとされている。つまりそれらの種子は収穫された籾であった可能性が高い。野生イネの種子は、

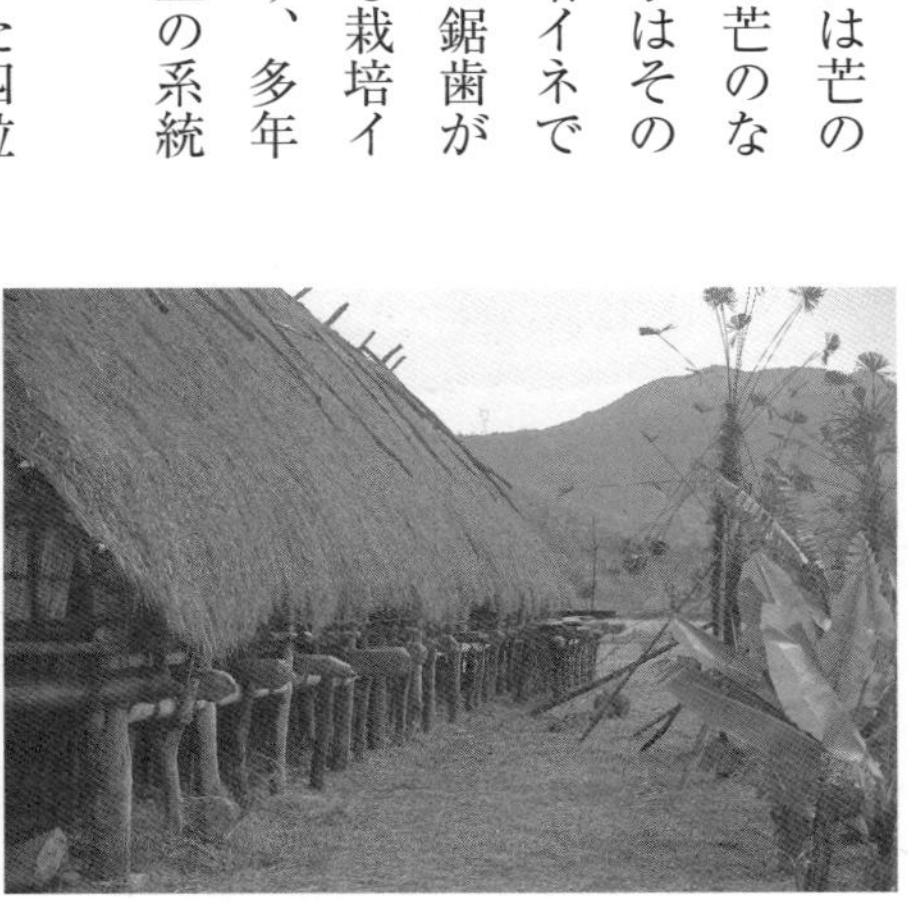

復元された太古の家屋［河姆渡遺跡］

野生イネの芒の基部

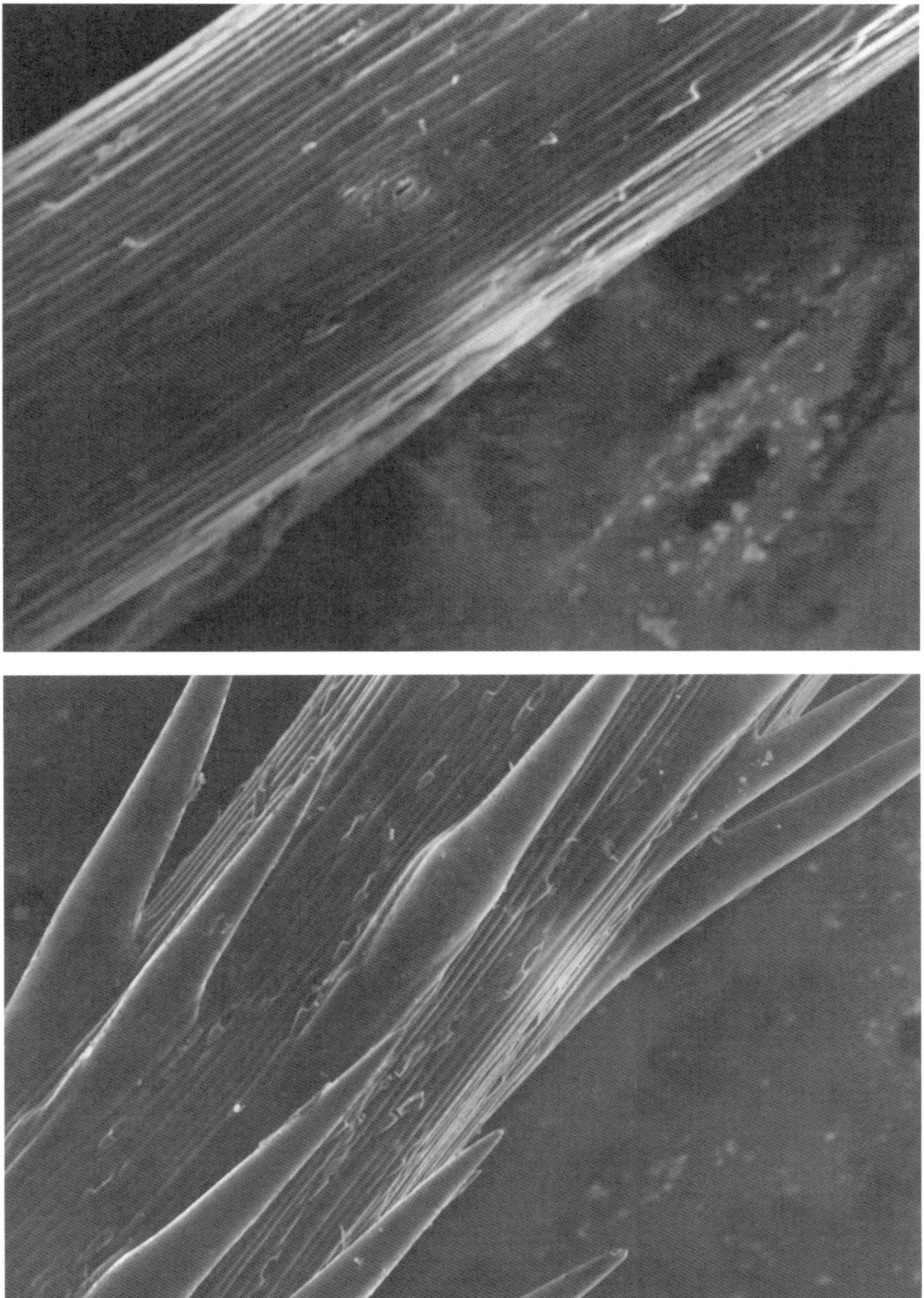

芒とそれに生える鋸歯。(上)栽培イネ (下)野生イネ

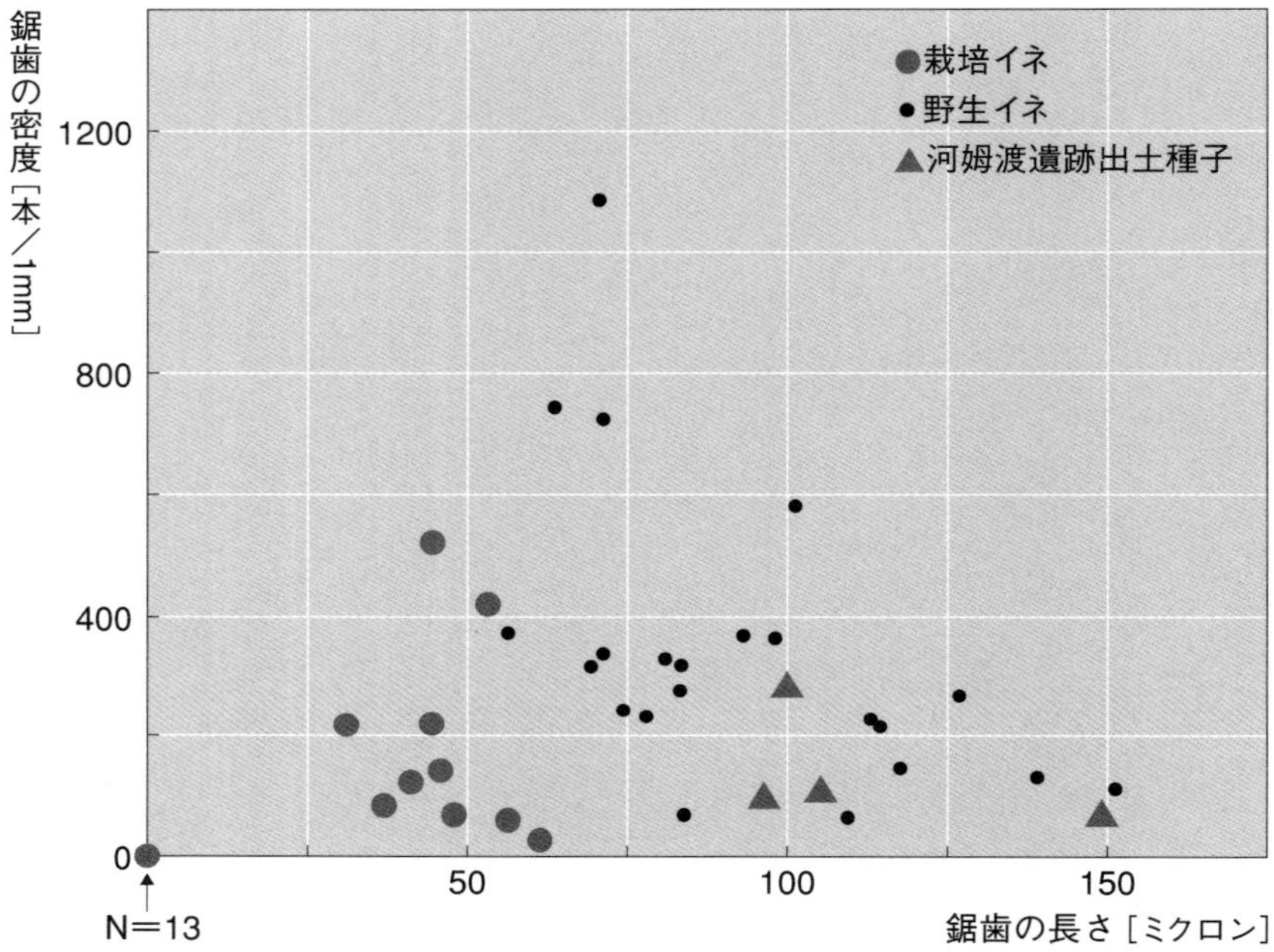

のげの鋸歯の長さと密度の相関図

熟した直後に母株の穂を離れて地面に落ちる。だから、収穫後に貯蔵されたロットの中に含まれる野生イネの種子は、「田」にあったそれに比して明らかに低くなっているはずである。七〇〇〇年前の河姆渡の「田」には、相当量の野生イネが生えていたものと考えられる。

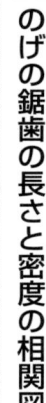

インディカとジャポニカ

イネの品種には数十万もの種類があるといわれるが、これらが大きく二つのグループにわかれることは古くから知られてきた。命名者加藤らがこの二つのグループにインディカ（印度型）、ジャポニカ（日本型）と、地名を付したのはどうしてだろうか。その答えは彼らが発表した論文に求めることができる。彼らによると、日本には二グループのうちの一方だけが見られ、お隣の中国（唐）では二グループが共存している。すると中国のむこうのインド（天竺）にはきっともう一方のイネだけがあるに違いない、というのである。インディカはインド生まれ、ジャポニカは日本生まれとの発想がインディカ、ジャポニカの名前に反映していると思われる。

むろんこの考えが正しくないことは今でははっきりしている。ジャポニカは長江中・下流で発祥したと考えられ、その意味では中国生まれである。中国などにはジャポニカの名前を廃止して「シニカ」とすべきとの意見も強い。あるいは「秈」と「稉」を学名（国際基準）に使うべきとの声もある。だが登場いらい四分の三世紀を経てしまうと、インディカ、ジャポニカの名前にもすでに市民権が発生していて改名はままならない。それに秈と稉はあくまで中国の品種に対してつけられた名前なので、例えば「アフリカの秈」などという言い方が適当とも思われない。

このように命名や定義をめぐって混乱ぶくみのインディカとジャポニカであるが、本文にも書いたように最近のDNAによる研究によって両者の祖先種が違っていることがわかってきた。とくに、祖先種である野生イネのなかにインディカ型のものとジャポニカ型のものがあるとの観察は、両型の分化がはるか野生イネの時代にまでさかのぼることを暗に示唆している。そしておもしろいことに、進化の関係で言えばジャポニカ型のほうがインディカ型より古いらしいのである。このことは今までの常識からはおおきくはずれており、今後まだ議論は続きそうである。

古典にみる古代農

『詩経』という中国最古の詩歌集には、古代人の風俗や生活が生き生きと描かれている。それは周の時代に成立したと言われる。なんと今から三〇〇〇年も前である。そのころの農業は、周の大王が氏族を率いて農耕社会を営んでいた。《豳《ひん》風七月》は農事暦を読み込んだ長編の詩であるがそこに当時の農業を垣間見ることができる。

九月場圃を築き　十月禾稼《かか》を納《い》る
黍稷《しょしょく》重穋《ちょうりく》　禾麻《かま》菽麦《しゅくばく》
ああわが農夫よ　わが稼すでに同《あつ》まれり
上り入りて宮功を執れ
晝は爾《なんじ》ここに茅かれ　宵《よる》は爾索綯《さくとう》せよ
亟《すみや》かにそれ屋に乗れ　それ始めて百穀を播《ま》け

（九月は取り入れのとき、集稼場を作って、十月にいよいよとり入れをする。禾麻菽麦など、くさぐさの収穫は全部共同作業ですすめられる。とり入れが終わると、屋内の仕事である。昼は茅をかり、夜は索《なわ》をない、最後に屋根をふきなおす。それがすむと、冬播きの用意である）

（『詩経』白川静著・中公新書）

禾稼は、稲などの収穫のこと。禾麻菽麦は、きび・小きび・おくて・わせのこと。

三〇〇〇年前という時間の流れを感じさせない。そこにはすでに現在の農業とほぼ変わらない生活があったようである。

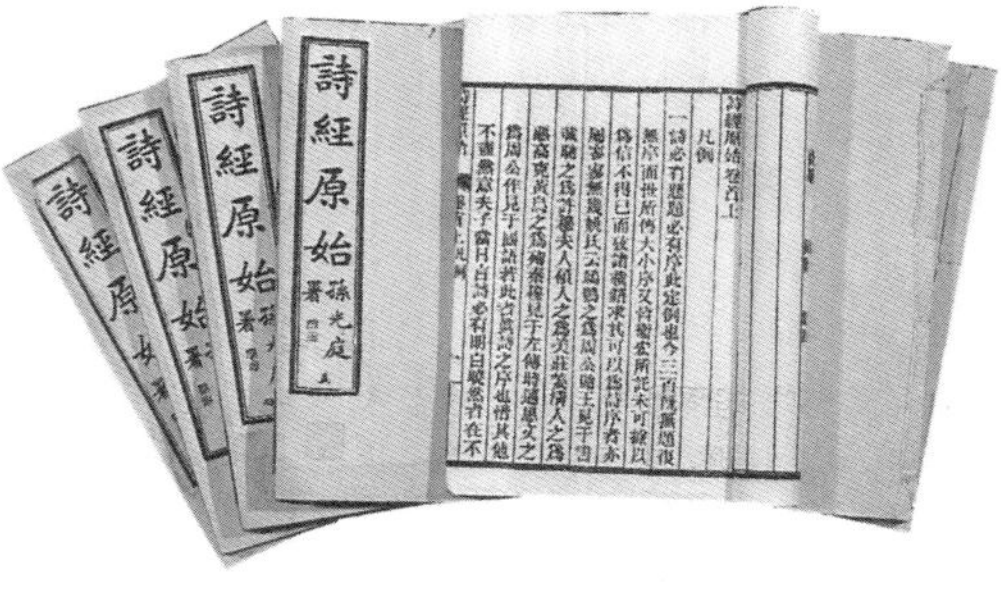

■2 黄河と長江

―中国二つの顔―

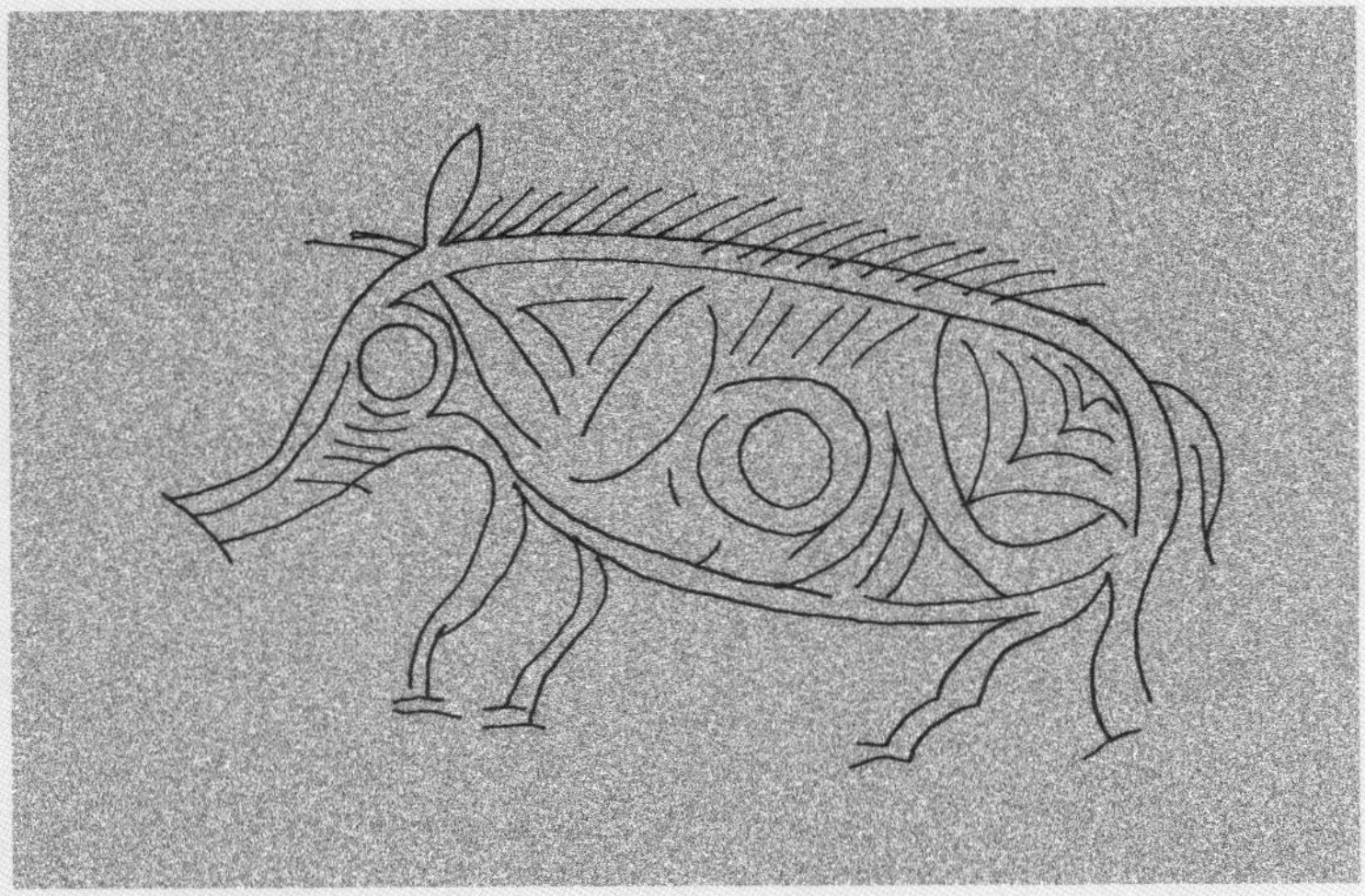

古代文明はどんな食料を育んだか

エジプトを含めたユーラシアには古代から四つの古代文明があったといわれる。そしてそれらはどれも、大河のほとりに生まれそこで発達した。黄河、インダス、チグリス・ユーフラテス、そしてナイルである。中国国内を東に流れる大河は二つある。ひとつは黄河、そしてもうひとつは長江*である。最近この長江の流域に、長江文明といわれる第五の文明があったことがわかってきた。つまり中国には、黄河と長江二つの文明があったことになる。

だが長江の文明についてはごく最近までなぞに包まれたままで、私たちは何も知らなかった。いや、長江に文明があるなどとは誰も思ってもみなかった。中国史の文献によれば、長江流域から南は遅れた地域、辺境の地だったのである。それは、日本でいえばちょうど東北地方と同じであった。不当にも、東北地方から北海道にかけての日本は、あらゆる進んだ文化が最後に到達するところであり、文化的にも経済的にも後発の地域であると考えられてきた。長江流域もまたそのように考えられてきた。そこは、時代を代表する進んだ文化や思想とは無縁の土地柄なのであった。

いっぽう中国には、「南船北馬」*のように、北に対峙する南の存在を示唆する言葉が古くからある。それは、今はその姿を消してしまった南の文明の存在をはからずも示唆している。儒教に対する道教もまた同じである。

長江　中国チベットに端を発し東に流れて東シナ海（東海）に注ぐ全長6300キロの大河。日本では以前は揚子江と言われた。

南船北馬　中国では、南方では川や運河が多いので舟を、北部では山や平原が多いので馬を乗り物に用いるということ。『淮南子』「斉俗訓」には「胡人便於馬、越便於舟」とある。

大河長江［揚州―鎮江間］

ユーラシアの古代文明

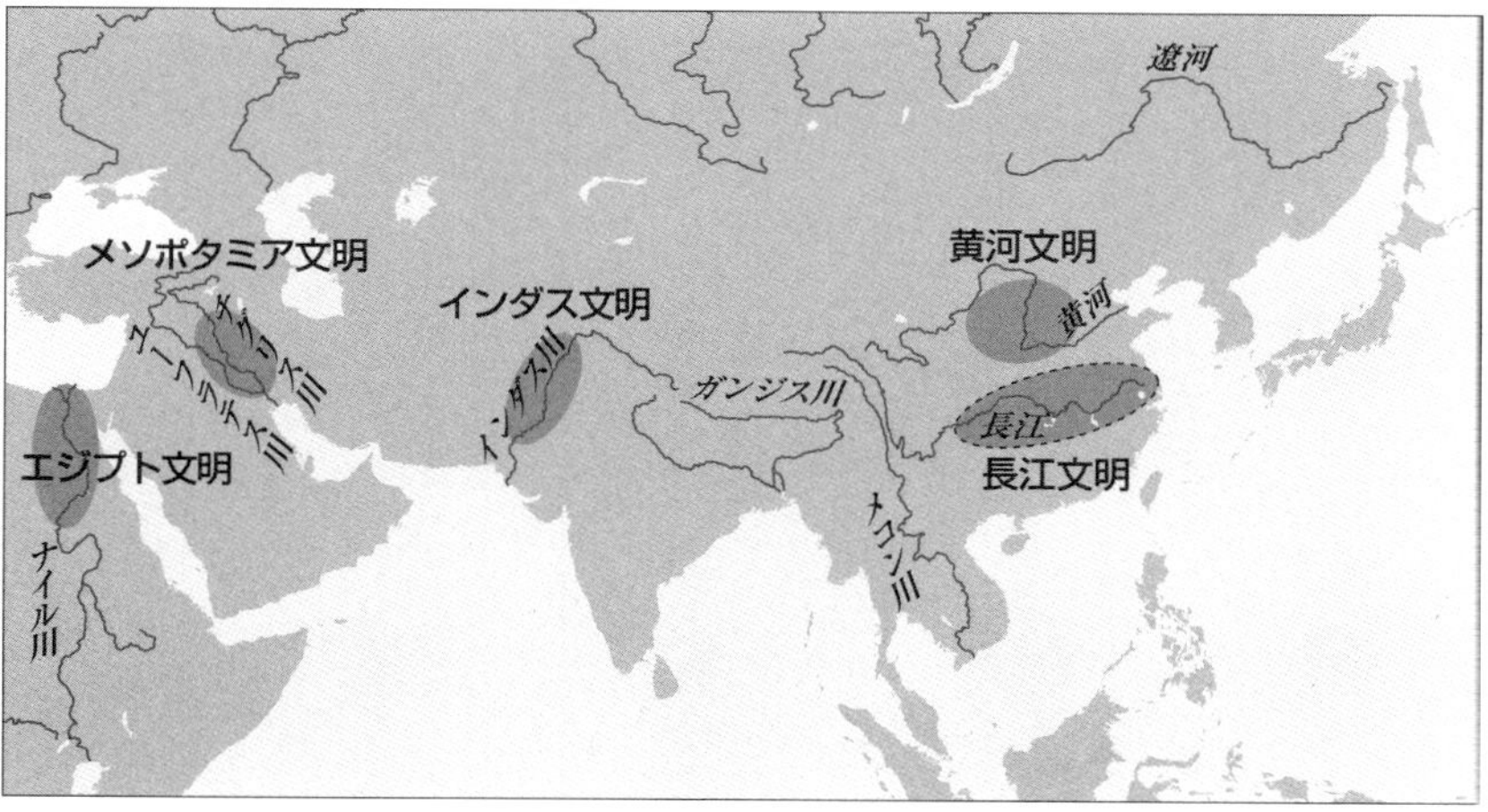

黄河文明は、アワ、キビ、コムギなどの畑作物が支えた文明である。それはやがては強靭な中央集権的な政治スタイルと、それを支える四角四面な都市などのしかけをもつ黄河文明を生んだ。今の北京や西安はそのときの名残りを今にとどめた町である。また、日本の藤原京、平城京、平安京など、当時の中国を倣った古代日本の首都はどれも四角四面な構造をもっていた。古代日本の政治のスタイルは黄河文明の伝統を引き継いでいたといってよい。

いっぽう長江の文明はイネの文明であった。と同時に、南の文明は水の文明でもある。南の古都、蘇州では、いまもまだ市内をめぐる細い運河が生活を支える血管の役目を果たしている。地方でも、水は田をうるおすばかりでなく、道路の代わりを果たしている。自然の理に忠実な水は、高いところから低いところへと流れる。水路はおのずと蛇行する。長江文明の中心地であった杭州や、同じくその地域に発達した上海の町並みには、碁盤目の秩序はない。あるのは活気とそれを支える雑然さである。

南北二つの中国の色彩は今のそこに生きる人びとの暮らしの中に残されている。ホテルのレストランなどでは地方色は薄まって入るものの、地方の朝市のなかの屋台などで朝食をとると、このことがまだ実感できる。北京など北のほうでは、饅頭、餃子など、コムギの食事が中心である。なお饅頭はこの字をあてて「まんとう」と読む。コムギ粉をねって蒸かしただけのもので、外見は日本の「豚マン」だが中には何も入っていないものが多い。餃子は、日本ではほとんど

北京天安門

上海から高速道路で一時間の周庄。小さな河の沿岸にある

蘇州の街並み。水運が今なお生き続けている

が焼餃子をさすが、中国では水餃子をさすことが多い。一方南の地方の朝ごはんはおかゆが中心である。おかゆに漬物というセットは、日本でも、近畿などでついこの間まで当たり前に見られた朝食のメニューであった。もっとも、漬物といってもその中身はちょっと異なる。中国の漬物は総じて深くつかっていて、日本でいうところの浅漬けにはあまりお目にかからない。あと、日本では沖縄ではよく見受ける豆腐ようなどが目につく。豆腐ようは大豆のチーズなどとも呼ばれ、文字通り発酵させた豆腐という感じの食材である。塩辛く独特の強い香りがあり、親指の先ほどの分量で茶碗一杯のおかゆをたいらげることができる。

乾ききった華北の風景

黄河文明の風土はいまもなお黄河の流域はじめ中国の北方には残されている。どこまでも広がるかわいた台地には畑が広がっている。晩秋の華北路は荒涼たる景観に覆われる。大地はその色を失い、モノトーンの世界が繰り広げられる。

こうした景観は、北にすすむにつれ、また西にすすむにつれ、その特徴をいっそうあらわにしてくる。二〇〇一年夏、私は遼寧省を訪れた。短い旅ではあったが、江南の経験の多い私には大きなカルチャーショックであった。このとき私は北京発夜九時前の赤峰行きの夜行列車に乗り込んだ。旅の仲間たちと遅くまで飲んだ後眠りについたが、朝六時前に目が覚めてしまった。車窓の景色を見て私はびっくりぎょうてんした。夏さなかというのに空気が澄んでいるためか遠くの山

豆腐よう

華北の景観。道路沿いの並木が落葉樹

遼寧省の風景。手前の作物はコウリャン

侵食される大地。この地もやがては黄土高原のようになるのだろうか

の山ひだまではっきり見渡せる。山々はなだらかで、しかもほとんどが禿山の状態である。どこまでが山でどこからが平野かさえわからないようななだらかな斜面は、どうやら一面の畑のようである。線路近くの畑では、トウモロコシ、アワのほか、ソバと思しき白い花をつける植物などが規則的な幾何学模様を描きながら整然と植えられている。

このときの旅行では私は青森県や東奥日報社などが主催する発掘調査に参加させてもらって、遼寧省にある興隆溝遺跡*の発掘現場に向かった。現場までは列車の終点赤峰から車で約五時間。その間、車は、大平原の中を走り続ける。周囲の景観は朝方列車内から見たそれとおおむね同じである。見える作物は、アワ、キビ、ソバ、コウリャンなどが多い。アズキも、わずかながら栽培されているようであった。イネを植えた水田をみたが、それはたった一箇所だけであった。見るものすべてが、それまでの中国とは違っていた。

旅行中私は、私が受けたカルチャーショックが何によるものかを考え続けた。景観だけをみれば、類似の景観は中央アジアでも見られる。それは、日本生まれ、日本育ちの私にはエキゾチックな景観であるに違いはなかったが、しかしそうはいっても中央アジアの景観にカルチャーショックにも似たショックは受けなかった。幾日かの滞在の後、私はこう気がついた。私にとっての中国とは江南そのものである。その風土に暮らす人々が中国人なのであって、彼らが漢字を書き中国語を話す人々なのであった。私の「違和感」は、あの乾いた大地にくらす人々が

興隆溝遺跡 遼寧省赤峰近くにある新石器時代の遺跡。最近完全な人骨や手を加えた獣骨などが出土して話題になった。

ミツバチの巣箱。遼寧省での道すがら、あちこちに巣箱を見た

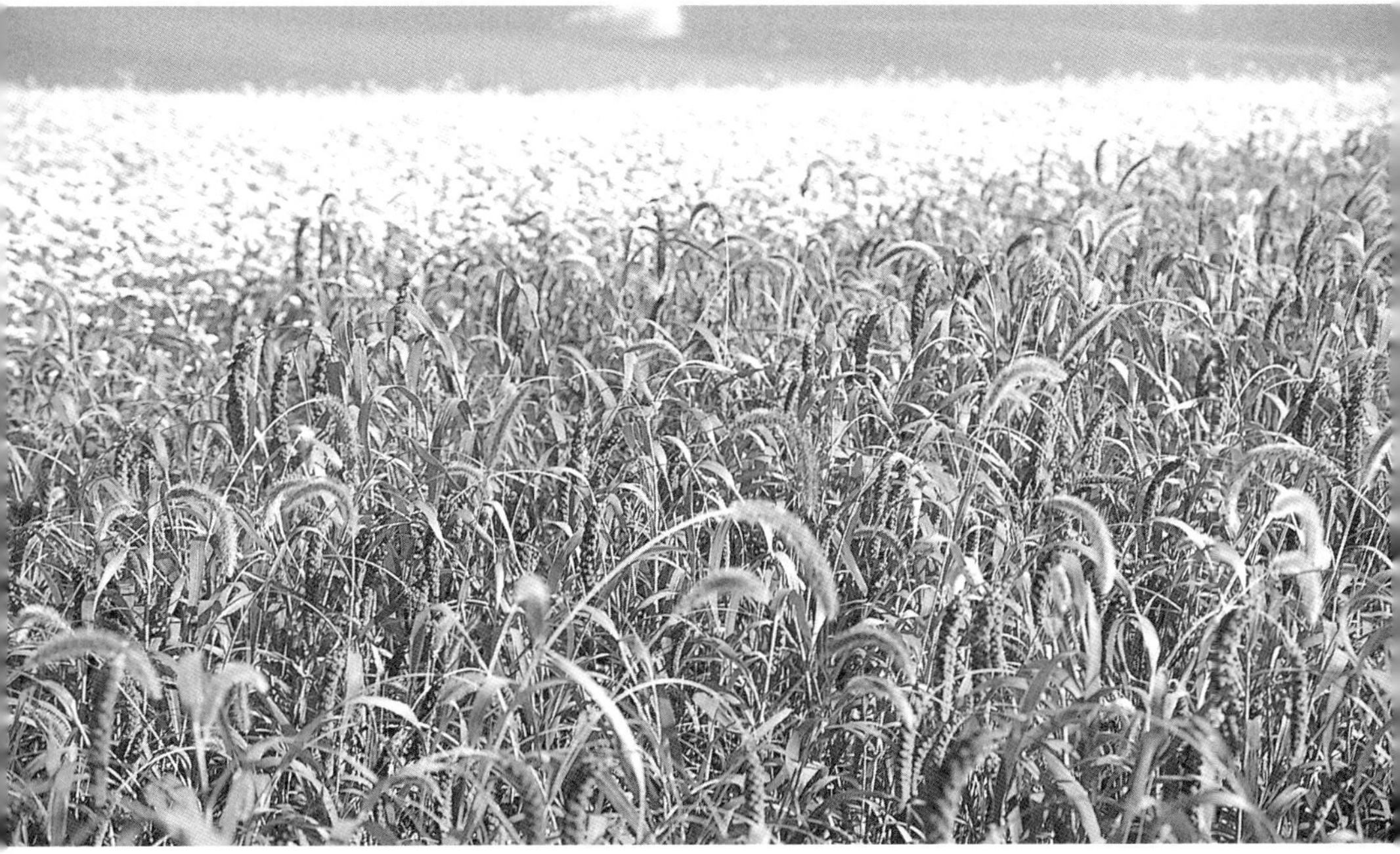

アワ(手前)とソバ(奥)。雑穀の文化の代表選手である

同じ漢字を書き中国語を話すことからきていた。言い方を変えれば、漢字と中国語の文化が、江南という湿った風土ばかりか遼寧のような乾いた大地をも覆っているということに驚いたのである。

黄土高原の景観

黄河文明の発祥地のさらに西方には、黄土高原と呼ばれる特異な地形が発達した地域がある。黄土の名前はその土の色から来ている。黄河が黄色いのも、黄河が流れ込む黄海が黄色いのも、黄河上流にある黄土高原の土が多量に流れ込んでいるからに他ならない。土が多量に流れ込むということは、山が侵食されていることを意味している。黄土高原では大規模な侵食がすすみ、農地が、ばあいによっては村ひとつがすべて削り取られてしまいそうな気配である。

黄土高原は、さらに西方に広がる巨大な乾燥地帯の入り口である。感じとしては、巨大な沙漠という怪物が豊かな台地をいままさに飲み込もうとしているというようなところだろうか。しかし黄土高原はむかしからこうした侵食台地だったわけではない。おそらくはその昔は森林に覆われた台地であったと思われる。それが「万里の長城」の建設のためのレンガ製造などの理由で木が切られ、そのまま二度と森に戻ることなくどんどん侵食を受けている。侵食は、水と風が引き起こす。水は台地を削って深い侵食崖を形成する。風は、表土を吹き飛ばして土壌を削り取る。巻き上げられた表土は、黄砂となって東の空を黄色く覆う。日本で

「牛山は以前は樹木が生い茂った美しい山であった。だが、斉の臨淄という大都会にあるために、大勢の人が斧や斤でつぎつぎと伐りたおしてしまったので、今ではもはや美しい山とはいえなくなってしまった。しかし、夜昼となく成長する生命力と雨露のうるおす恵みとによって、芽生えや蘖が生えないわけではないが、それが生えかかると人々は牛や羊を放牧するので、片はしから食われたり踏みにじられたりしてしまい、遂にあのようにすっかりツルツルの禿山となってしまったのである。」（『孟子』下・岩波文庫）孟子の生きた戦国時代には、斉の国では大がかりな開発が進み、森林破壊が起きていたのである。なお臨淄からは2500年前この地にいたとみられる西洋人のものと思われる人骨が出土して話題になった。

崩れ落ちた所にも畑をつくる［黄土高原］

黄河

も黄砂現象は春先の風物になっている。九州などでは黄砂によって洗濯物が黄色くなるなどの被害があるほか、秋田県あたりでは黄色い雪が降ることもあるという。こうなるともはや「風物」などといってのんびり構えているわけにはいかない。韓国でも、黄砂がひどいときには飛行機が欠航になるほどだという。こうなると黄砂はもはや自然災害、いや、人災である。

黄河は今、枯れ始めている

文明は森とともに栄え、森とともに滅んでゆく。これは哲学者梅原猛氏が安田喜憲氏らとともに行った研究の結論である。森とそこに発する川にはぐくまれた文明はやがて巨大化し、自らを生み育てた森を破壊してしまう。環境は壊され恵みは失われる。このようにして、ヒトとその文明は自らの手で自らの基盤を破壊してしまう。文明にも寿命があるのである。そして崩壊へのカウントダウンは、文明発祥のそのときから始まっているのである。

文明の終焉を警告するかのように、黄河はしだいに枯れ始めている。かつては中国二大河川のひとつとうたわれた面影はもはやない。最大の理由は上流にある大地が砂漠化し水を失いつつあるからだが、それ以外にも中流地域での灌漑事業などの影響もあるようである。黄河とその文明は、いま、自らの英知でその破滅の危機から脱することができるか否かの瀬戸際に立たされている。

木を植える　森を回復させる特効薬はない。ただ植林し時間をかけて成長を待つだけである。

大河長江が作った江南の大地

長江（揚子江）は黄河以上の大河である。「風土論」を展開した和辻哲郎*は、かつて長江の大きさを上海に近づく船の中で実感した。和辻はこう書いている。

我々日本人にとっては揚子江の第一印象は実際に案外なものである。舟が上海に近づくにつれてまず驚かされるのは、十三四カイリの速力の船がまる一日じゅう走って行く間、海が全然泥海であることであった。これは泥水を吐き出す揚子江が全長千三百里の大河であって、ライン河の四倍半、日本全島の長さよりも長いということを考えれば、いかにも当然の現象なのであるがしかしそれをまのあたりに見ると我々は不思議な感じに打たれる。我々の「海」の観念の中にはこのような茫々たる泥海は含まれていなかったのである。ところで揚子江の河口はまたこの泥海と区別がつかないほど茫漠としている。すでに揚子江をさかのぼりつつあるのだと教わっても、眼に見えるものははるかな地平線が海におけるよりもやや太いことだけであった。しかもそのやや太い地平線は河口に横たわる崇明島と揚子江右岸とを示しているのであって、揚子江の左岸は全然視界の外にあるのであった。こうなると我々の持っていた海の観念や河の観念がぶち壊されてしまう。我々はたとえば明石海峡において「海」を見ていた。しかるにこの「河」は大阪湾ほどの幅を

和辻哲郎（わつじてつろう）［1889－1960］兵庫県生まれ。哲学者。著書に『古寺巡礼』『風土』『倫理学』など。

持っているのである。しかも大阪湾の場合ならば須磨の浜から和泉の山が見え、堺の浜から淡路の山が見えるが、揚子江の場合には対岸にただ地平線があるだけなのである。

（和辻哲郎『風土—人間的考察—』岩波書店）

いっぽう飛行機で海外旅行するのが当たり前の今では、和辻と同じ感覚を飛行機の上で味わうことになる。上海行きの飛行機が長崎県五島列島の上空を通過して一時間ほど。それまで青く見えていた海の色が次第に黄ばんでくる。陸地が見え始める直前には、海と大地と空の色が黄みがかった淡い小豆色に一体化してしまう。長江が押し流した泥水が海に注ぎ込んでいるのである。長江の河口部には、今できたばかりかと思われる、草一本はえていない巨大な三角州をみることができる（左頁左上）。中国の大地は今も海に向かって広がり続けているのかもしれない。

長江の勇姿は、内陸を飛ぶ飛行機の窓からもみることができる。左頁の写真（右上）は湖北省武漢の上空で見た長江である。河口からすでに千キロ近くを遡っているにもかかわらず川幅は広く、水量も豊かである。この川の水量のすごさは、川が押し流したものが時として日本にまでたどりつくことからもわかる。一九九八年の長江の大洪水の年には、長江から排出された多量のごみが九州の西海岸にたどり着いたという。

長江にかかる橋で、今のところ最も下流にあるには南京市郊外の南京大橋（左頁左下）である。橋は一九五〇年代の建造で、上が道路、下が鉄道の二階建てに

上空から見た長江の河口

湖北省の長江

南京大橋。長江の南岸から

長江［宜昌県灯影峡］

なっている。道路橋の両端には歩道橋がついていて、あるいて対岸まで渡ることができる。私も一度だけ対岸まで歩いて往復したが、ちょっとした運動になる。川幅は二キロほどだそうだが、高いところを歩くせいか、もっと広く感じられた。下を見ると、川面を直接見ることができるが、長く川幅もある川にしては水流がことのほか早く感じられた。

混沌と喧騒に覆われた上海

北の北京と南の上海。この二つの巨大都市は、そのまま黄河と長江を、文化の面でも文明の面でも代表しているといってよいと思う。北京の街が碁盤目のように規則正しく刻まれているのに対して、上海の街は一見して乱雑で道路の方向にも規則性が見出せない。関西にお住まいの方ならば、その対比を京都と大阪におけばよくご理解いただけるだろう。北京が中国の政治の中心なら、上海は中国の経済の中心である。街路樹は、北京ではプラタナスなどの落葉樹であるのに対して、上海ではクスノキのような常緑樹を使っている。北京では、その中心はと人問えば誰もが天安門広場と答えるだろう。周囲には人民大会堂や故宮があり、周囲にも官庁のビルが整然と立ち並ぶ。周囲の道路はとてつもなく広くどこまでもまっすぐである。一方上海にはいくつもの中心があってそれぞれが競い合っているかのような感じを受ける。またどこへ行ってもまっすぐで広い道などというものはない。旧租界*の中心も道路の幅は狭く、その狭い道路には車と人とものが溢

上海の繁華街

租界 解放前の中国に存在した外国特殊権益の一つ。中国のいわゆる半植民地化が進行する過程で諸外国は一般行政権まで事実上行使するようになり、中国の統治権が及ばないまったく独立した地域となった。

北京

上海の夜景。新しい上海の顔になっている

れかえっている。

むろん二つの街に共通項がないわけではない。だが、両者の違いは、そこに住み暮らした人々の思想や人生観の違いを映している。反対に、両者の風土の差が人びとの思想や人生観の異質性を作ったという側面もあろう。いずれにしても、二つの巨大都市の風景は、そのままイネとコムギの風土を映していると私には思われる。

長江流域の景観

かつて中国の国内の旅行では、飛行機を除けば列車がほとんど唯一の交通手段であった。私もよく上海から南京まで旅をしたが、かならず列車を利用した。切符の買い方がわからない上にしばしば売り切れるばかりか、時刻が不正確であったりして決して快適な旅とはいい難かった。しかし最近では外国人にも切符が買えるようになり、スピードアップしたうえに以前のように慢性的な遅延は少なくなった。

中国はさすがに大国で、鉄道のつくりは日本に比べて何からなにまでが大きい。レールの軌間は一・六〇メートルと、新幹線（一・四四メートル）よりも広い。車体も日本の鉄道より一回り大きく、したがってなにもかもがその分だけ大きい。ただし昔の日本の国鉄の列車とおなじく、ホームは低く、列車に乗り込むのは大変である。鉄道全盛時代の日本のように、長距離列車はたくさんの客車をつなぎ

上海—南京間で 今は電化が進みこの区間は二時間余りでゆける

悠然と走っていた。今では、上海——南京間のようなドル箱路線では最高速度は二六〇キロに達する。近く新幹線も建設されるようで、用地売収も進んでいる。

上海駅のホームを静かに離れた南京行きの急行列車は、複雑に交差する転轍機をいくつも越え、上海西駅を通過する。ここは南京を経由して北京に向かう線と、杭州を経由して湖南省・長沙、さらにははるか雲南省・昆明に向かう線の分岐駅である。ここはまた一五年ほど前、二本の列車が正面衝突を起こし乗り合わせた高知県の修学旅行生多数が犠牲になったところでもある。

車窓の風景を眺めていると、この豊かな大地のいたるところに経済開発区が作られ、工場やオフィスがめだつようになった。しかしあたりはつい一〇年前までは、一面に田園風景が広がるのどかな土地であった。

ここの大地は、地図の描写から想像されるようなまっ平らな土地ではなく、ゆるやかな起伏がどこまでも続く洪積台地である。ちょっと小高いところには集落があり、低いところは田になっている。さらに低いところは池になり、または水路になっている。はるか数千年のむかし、小高い丘のてっぺんは森に覆われていたのであろう。現在池のあるところは当時も池だったのかもしれない。さらに低い土地は全体が湖沼であったのかもしれない。そして、そのなだらかな中腹が、最初の原始的な稲作の始まったところであったのではないか。私にはそのように思われる。

沿線の風景

車窓の風景

裏作のムギとナタネ

一九九三年の春、私は友人湯陵華さんらとともに夕暮れの蘇州を船でたち、浙江省の杭州に向かった。当時まだスピードの遅かった列車では、上海経由で杭州に向かっても到着は深夜のこととなる。そこで、あえて船旅を選んだのであった。船といっても多くの方はぴんと来ないかもしれない。杭州はともかく内陸の蘇州からはどのように船旅ができるのかと。それが、蘇州から杭州までは船での旅はじつにポピュラーである。地図をみてみよう。蘇州から杭州あたりは太湖地区といわれ、中国随一の水郷地帯である。そこはまた水運の要所であって、どこに行くのも船が重宝する。蘇州からの船も、自然河川や運河を巧みに利用して杭州へと向かう。

江南の地は水の風土をもっている。そればかりか蘇州は、かの始皇帝が開いたとされる大運河が通る町でもある。大運河は南の豊かな物資を北に運ぶため、莫大な資材と労力を費やして掘られた人工の川で、別名を京杭運河とも言う。大運河は、蘇州市の郊外でかの寒山寺の脇を流れるから、それとは知らずとも見たことのある人は多いと思われる。運河とはいえ、大運河の幅は広いところではゆうに百メートルは超える。京とはいうまでもなく北京、そして杭は杭州をさす。大運河は途中長江を横切り、蘇州を通って杭州に達する。

船は、ジャンク*船のような小型の船をいく艘もロープでつなぎ、それをはしけ

寒山寺　6世紀初め建立。唐時代、寒山と拾得が修行していたためこの名になった。唐の詩人・張継が旅の途中に舟どまりして詠った「楓橋夜泊」はよく知られている。

月落ち烏鳴いて　霜　天に満つ
江楓漁火　愁眠に対す
姑蘇城外　寒山寺
夜半の鐘声　客船に到る

ジャンク　海洋や河川で使用される、中国独特の平底木造帆船。

■太湖地区一帯

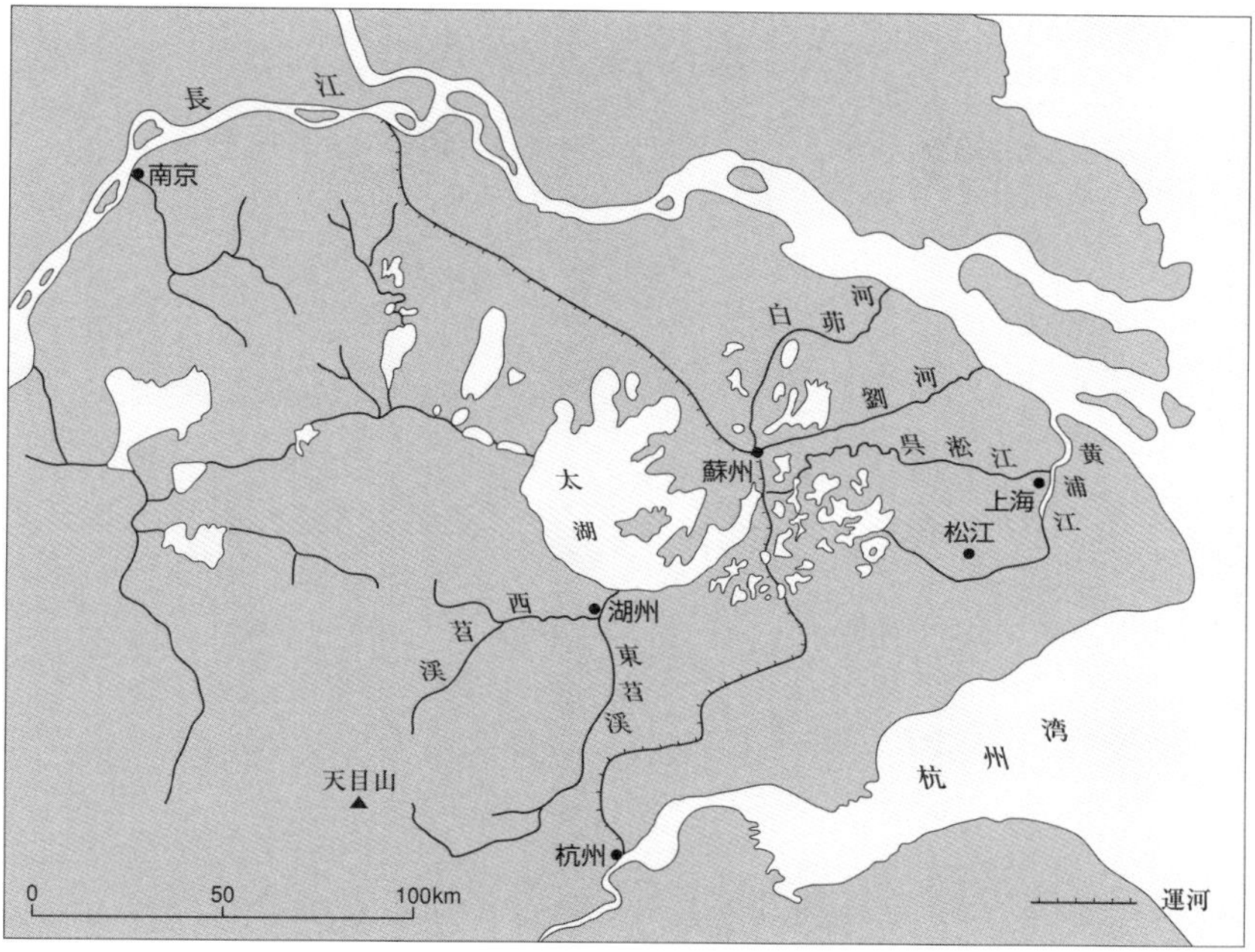

大運河を行き交う［杭州］

はりめぐらされた運河

運河にかかる橋

が牽くという風変わりなものであった。狭いキャビンのなかには二段ベッドがおかれている。その上の段に席を取ったのが間違いだった。下段の乗客たちの吸うたばこの煙が換気の悪いキャビンの天井にこもり眠ることができない。

たばこの煙に嫌気がさして外に出てみると何かの香りが鼻をくすぐる。目を凝らしてみると、月に照らされた白っぽくみえるナタネの花が河岸の畑一面を覆っていた。江南の地では、夏の表作にはイネを作るが、冬の裏作の王者はナタネとムギである。日本ではすっかりすたれた裏作であるが、江南の地ではナタネは今なお春の風物詩となっている。

その後私は幾度かこの季節に江南を旅する機会を得たが、そのつど春霞に煙るナタネ畑であの香りを味わうことができた。ただこの時期の中国はきれいに晴れ渡ることが少ない。空気は湿気を帯び、遠くのものはかすんで見える。しかしそのぶん香りは遠くまで漂い、春の気分をいっそうひきたてるのであった。

苗代の光景

日本でも中国の江南でも、イネはまず苗代にまきつけ、大きくなった苗を田植えする。これが水田稲作の大きな特徴のひとつである。ただしこうしたスタイルをとる地域は限られている。苗代を作り田植えするという稲作の方式の類似性が、日本から朝鮮半島、中国江南のイネと稲作の類似性を証明している。

機械化が進んだとはいえ、中国の稲作の風景はまだ人力の稲作のそれである。

江南の春　ナタネ畑

浙江省の春。ナタネ、レンゲ、ソラマメなどが見える［杭州郊外］

現在の日本の苗代。田植機用の箱苗代

田の一角に作られた苗代（なわしろ）［同上］

高度経済期までの日本がそうであったように、農民はまず田の一角を苗代にし、そこにじかに種籾をまきつける。一方今の日本には、もはや苗代は見られない。ほとんどの農家では、苗を「ライスセンター」から買い付けるのがあたりまえになってしまった。ライスセンターとは農家に苗を提供する機関で、田植え機にセットできるよう、専用の箱にまいた種子をじゅうたんのように育てるのである。

しかし中国ではむかしながらの苗代はまだ健在である。周りの畑にはソラマメや春の野菜がみえる。ごくまれに蓮華《れんげ》を植えた田も見られる。こうした光景をみていると、一瞬自分がどこにいるのだろうかという錯覚を覚えることがある。とくにうららかな春の日差しをあびる晴れた日の午後など、子どもころの郷里に舞い戻ったような妙な気分にさせられる。しかしここは、紛れもなく江南、中国の大地である。その証が、後方にかすんでみえる家々の屋根の形である。

夕暮れ時、あたりには夕餉の煙がたなびくころ、野良から帰った人々の声が聞こえだす。幼子を背負ったおかみさんたちが、夕飯の野菜を畑でつみとり、裏の水路で土を落としている。アヒルの群れが、それぞれのねぐらに帰ってゆく。水田とその光景が、かつての日本と江南との間で驚くほど似ていることは古くから言われてきたことではあるが、こうしてその現実を目の当たりにすると昔の人々がここを水稲の故郷と直感したのもなるほどとうなづける。

アイガモ 水田のミミズ、蛙、貝などを食べながら育つ［日本］

鴨を引き連れて家路に向かう［中国江南地方］

太湖点描

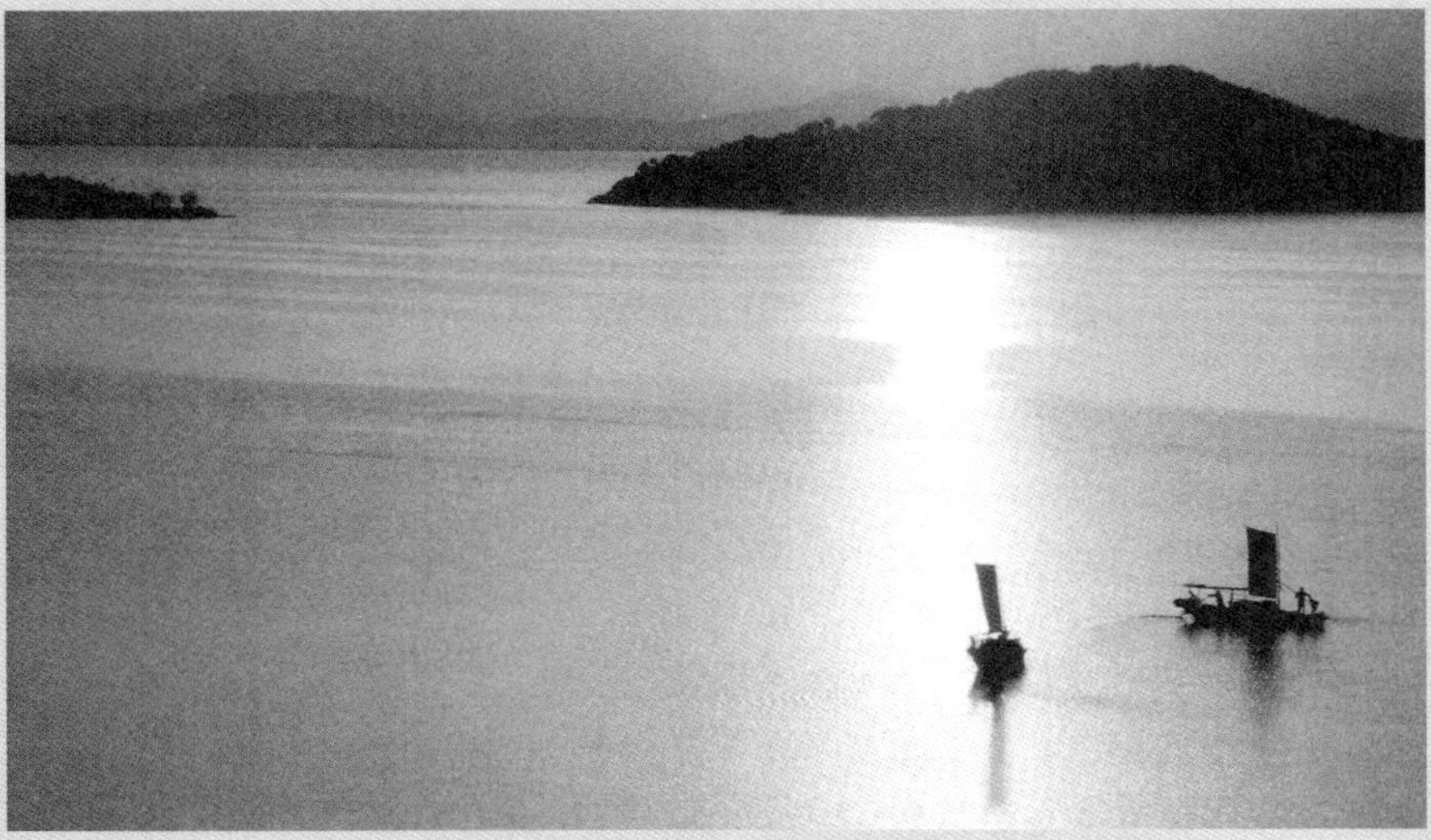

太湖

太湖一帯の水郷地帯

南船北馬のたとえにあるように、江南は水郷地帯である。水郷地帯の中心は、太湖地区一帯、とくにその南東側の呉県から呉江市一帯にある。あたりには大小無数の湖や池、あるいはそれをつなぐ河川や運河があり、地域全体が「大きな湖とそのなかの小島」であるかのような様相を呈している。河川や運河には多数の船が行き交い、ここがいまでも水運によってヒトとものが動く地域であることがわかる。

太湖は地図の上では丸い形をしており、この水郷地帯の西半分を占めている。広さは二四二八平方キロ、琵琶湖*の四倍ほどの大きさがある。ただし太湖は実に遠浅の湖で、最深部の深さでさえわずか一〇メートルほどしかない。

人びとははるか太古の時代から、この水を使って生活を営んできた。イネは、水路などを作る必要もなく栽培できた。サカナや他の水生動物を獲ることもできた。そこは一万年以上も前から豊かな土地であった。そしてこの豊かな水が、イネとその文化を育てる原動力となった。もう一度いおう。イネの文明は水の文明である。

＊面積670平方キロ、最大水深104メートル

Ⅰ・3
イネの遺跡・遺物

太古の稲作
（想像図）
数千年前長江下流にはこのような景色が広がっていたものと思われる。高みには森が展開し、低いところは沼や池のようになっていたものと思われる。野生イネは湿地の中でも動物たちがよく動き回る、陸地に近い部分に多かったであろう。ゾウやワニには違和感をもつ方もおられようが、河姆渡遺跡から出土した動物のなかにはこれらの骨がある。スイギュウの存在も確実であろうと思われる。絵／石井正美

湿地（ヨシと野生イネ）

稲作の遺跡を訪ねて

長江の流域には、イネそのものや稲作の跡がはっきり残された遺跡が多数ある。先に紹介した浙江省・河姆渡遺跡（約七〇〇〇年前）では一二〇トンにも達する籾やわらなどが出土したことで知られる。一帯には、同じ浙江省の羅家角遺跡（七〇〇〇年前）や、これらより時代が新しくなるものの杭州西郊外の良渚遺跡群などがある。また杭州市と上海市のあいだにもいくつかの遺跡が知られる。上海の西隣の江蘇省にも、草鞋山遺跡など六〇〇〇年ないし七〇〇〇年前の遺跡が知られている。

長江中流域の湖南省一帯にも古い遺跡が多数知られている。とくに洞庭湖西側のゆるやかな傾斜地帯には、彭頭山遺跡、城頭山遺跡、八十垱遺跡などの遺跡が知られる。これらの遺跡は丸い形をした小さな、丘のような土地に成立するという特徴がある。もっとも丘といっても傾斜はごく緩やかで、地図上は下流域の遺跡同様、緑色の平野部に分布している。

これらのうち彭頭山遺跡からは、八五〇〇年前のものといわれる土器のかけらの中から米粒の圧痕、つまり米粒が土器につけた跡がみつかっている。長江中流のこのあたりもまた、一万年近く前から稲作がおこなわれていたのである。

いっぽう、かつてイネの起源地とされた雲南地方にはこれほど古い遺跡は存在しない。中村慎一*氏によれば、この地域でよく知られた稲作遺跡は大墩子遺跡と

長江遺跡地図

中村慎一（なかむらしんいち）1957年生まれ。金沢大学文学部助教授。専門は中国考古学。

白羊村遺跡で、今から三五〇〇ないし四〇〇〇年前ころのものである。また、中国以外のアジア地域を見回しても、長江流域ほど古い稲作遺跡が集中して見つかった地域はほかにはない。これらのことから、世界で最も古くからイネを栽培してきた地域が長江の流域であることは確かであろう。

以下に長江流域の主な遺跡を紹介しておこう。

河姆渡遺跡

さきほども書いたように、浙江省の河姆渡遺跡からは多量のイネ種子とともに稲作の痕跡を示す幾多の遺物が出土している。それら膨大な遺物の一部は発掘現場の脇に建てられた「河姆渡遺跡博物館」で展示されている。また遺物の一部は、浙江省の省都である杭州市の浙江省博物館にも展示されている。

河姆渡遺跡から出土した遺物の中でもひときわ目を引いたのが数々の土器たちであった。角型の、サイドにイノシシの絵を描いた鉢は何に使われたのだろうか。また真っ黒な丸い土器の中に、やはり側面に稲穂が描かれたものがあった。かつて私はお元気なころの考古学者佐原真さん*に、「植物の絵を描いた土器がないように思われるがそれはなぜか」と問うてみた。佐原さんはいろいろ調べてくださり丁寧なご返事を下さったが、結論は佐原さんにもよくわからないようであった。河姆渡遺跡のこの鉢など、例外的な存在ではないかと思われる。ところでこの稲穂の絵をよくみていると、真ん中の一本の穂だけがぴんとたっていてあとは垂れ

佐原　真（さはらまこと）［1932–2002］大阪府生まれ。考古学者。97～2001年国立歴史民俗博物館長。一般の人にもわかりやすく書いた著作や軽妙な話術による講演で考古学の啓発に努めた。著書に『騎馬民族は来なかった』（日本放送出版協会）、『考古学千夜一夜』（小学館）ほか

河姆渡遺跡博物館

ているのがお分かりだろうか。私には、左右に垂れているのが栽培イネで、真ん中のぴんとたっているのが野生イネではないかと思われるがどうだろうか。

河姆渡遺跡には、出土時の建物の柱などがそのままの形で保存されている。むろん展示されている柱は模造品で本物は別に保存されているが、その無数の柱の存在は当時の建物がいわゆる高床式*の構造をもっていたさまを想像させる。当時の河姆渡遺跡の一帯は相当の湿地帯だったのであろう。

河姆渡遺跡からは、たんぼのあとは見つかっていない。私はこの時代にはまだ、今の時代の私たちが考えているような田はなかったのではないかと考えている。そこでの稲作は、たぶん、54〜55頁の絵のような状態のところで、原始的なやりかたでおこなわれていたに相違ない。だからこそ祖先である野生イネがイネのなかに混ざっていたのである。

高床式　高い足をはかせた建物で、一階部分が物置か家畜小屋、二階部分が居住部になっているものが多い。

出土状況の復元（河姆渡遺跡）

浙江省博物館

河姆渡遺跡

イノシシが描かれた角鉢

稲穂が描かれた深鉢

羅家角遺跡

河姆渡遺跡は浙江省の省都杭州から、杭州湾の南岸を東に一〇〇キロほど東にいったところにあるが、杭州から杭州湾の北岸沿いを上海にむかって北東に三十キロほどいったところに、やはり七〇〇〇年前のものといわれる羅家角遺跡（桐郷県）がある。あたりは今は絹糸の一大産地で、ちょっと小高いところにはクワの木が植えられている。羅家角遺跡のあとを示す石碑は、そうしたクワ畑のなかにあった。落差が数メートルほどのなだらかな起伏が続いている。低いところは水田である。最も低いところには水が溜まっている。小高くなったところがクワ畑。ゴマを植えた畑もあったが、一面がゴマ畑というほどではない。華北から北、たとえば遼寧省あたりとは異なり、江南の大地ではさまざまな作物をみることができるが、羅家角の村もまた例外ではなかった。羅家角遺跡からも多量の遺物が出土している。量は少ないもののイネの種子も出土している。ただ、この遺跡の発掘報告者は、発見後三〇年を経た今なお刊行されていない。羅家角遺跡はまだなぞに包まれた部分が多い遺跡である。

羅家角遺跡

羅家角遺跡の周辺は、あたり一面のクワ畑であった。桐郷県一帯は今も中国有数の絹の産地である。

あたりの風景

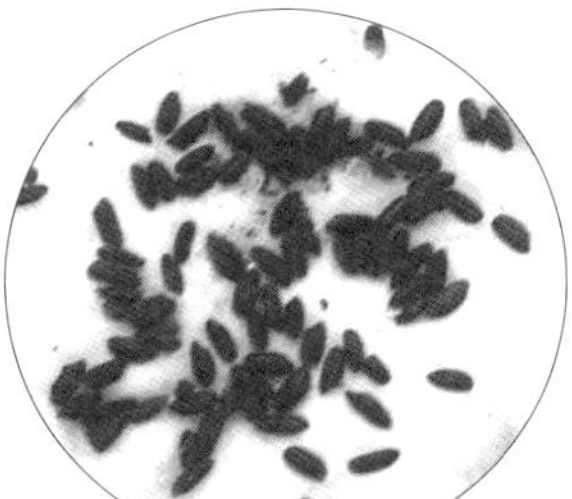

羅家角遺跡出土のイネ種子

羅家角遺跡の碑

良渚遺跡群

浙江省の省都である杭州市の西二〇キロほどのところには、良渚文化の名前のもととなった良渚遺跡群がある。良渚遺跡は、その年代こそ新しいものの多量の玉（ぎょく）など出土遺物の豊富さで群を抜く遺跡とされる。いまだ地中に眠る遺構の中には、王族級の人びとの墓などが残されている。ここは、長江文明爛熟期の都があったのだろうか。玉は固い鉱物であるが、良渚の時代からそれを装飾品などに加工する優れた技術があったことが知られる。浙江省一帯には玉の原材を産する地域はなく、玉は西域から運ばれたものと考えられている。私たちはユーラシア東西の交易路を「シルクロード*」と呼んできたが、それはある時代には絹を、そして別の時代には玉を運んだのである。

良渚遺跡群から出土した遺物を展示しているのが、良渚鎮の良渚遺跡博物館である。この博物館は小さい博物館ながら、さながら玉の博物館といっていいほど玉の加工品がおおく展示されている。

ところで良渚遺跡の玉器に刻まれた模様にはあるひとつの特徴がある。ヒトの顔を思わせる模様がしばしば登場することだが、これはいったい何をあらわしているのだろうか。これと同じかまたは類似の模様はいろいろな玉器の表面に刻まれているので、当時の人びとがこれに何かを託したことは確かである。「良渚遺跡のマスコット」のなぞは解かれているのだろうか。

シルクロード　かつてユーラシアを東西に走っていたといわれる街道。この道を通りビザンチウムを経てヨーロッパ・北アフリカへ絹がもたらされることからこの名前が生じたが、実際にはもっといろいろなものが運ばれた。

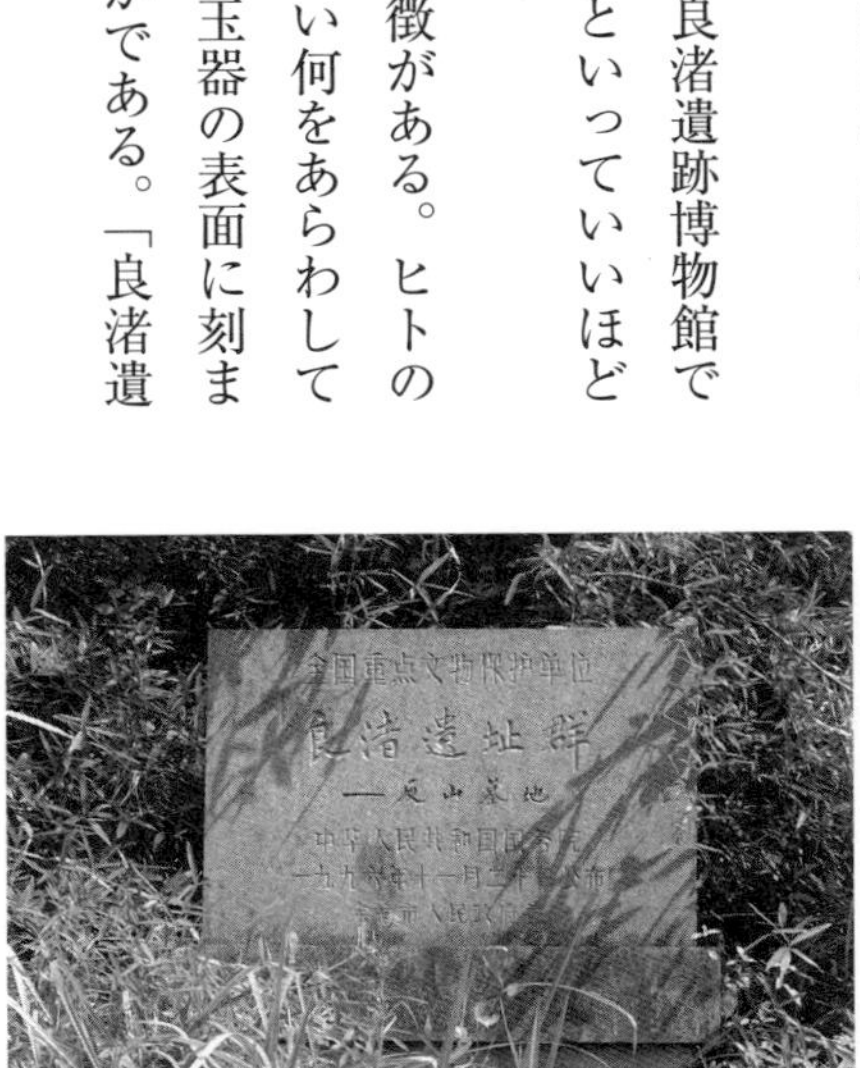

良渚遺跡群の碑

良渚遺跡群

良渚博物館

大莫角山［良渚鎮郊外］

玉器　直径10㎝足らずの小さなもの

神獣人面文様　細部の模様が玉器によって少しずつ異なる

良渚遺跡の発掘はすすんでいない。良渚遺跡博物館の西方にも、ちょっとした小高い丘があり、その草むしたてっぺんには遺跡の存在を証明する石碑が立っている。また良渚鎮の北にひろがる大莫角山の中腹にも、まだ発掘されていない王族級の墓が、未発掘のまま眠っている。今後もし大規模な発掘が行われれば歴史を塗り替えるような大発見が相次ぐものと考えられている。

草鞋山遺跡

江南地方では大地は数千年の長きにわたって長江が運んだ粒子の細かな粘土に覆われている。その厚さはところによりさまざまだが、極端な言い方をすれば、その粘土層のどこを掘っても遺跡に当たるといわれるほど、至るところに人びとの暮らしのあとが埋もれている。江南の地の北の端に近い蘇州近くの草鞋山遺跡からは六四〇〇年ほど前の水田跡がみつかっていると報じられている。

場所は蘇州市から北東方向に一〇キロほどの昆山という町のはずれにあり、遺跡のすぐそばには上海蟹の養殖で有名な陽澄湖がある。このあたりでは、その粘土層の厚さは数十センチからたかだか二メートルほどに過ぎない。宮崎大学の藤原宏志*さんたちが草鞋山遺跡の一角でその粘土層を取り払ったところ、その下に広がる固い地山を掘り込んだとみられるくぼみがいくつもみつかった。くぼみに溜まった土層中から多量のイネのプラントオパールがみつかったことから、藤原さんはそこが大昔の水田であると結論した。くぼみとくぼみの間には、水を通わ

草鞋山遺跡全景

藤原宏志（ふじわらひろし）
1940年生まれ。宮崎大学長。プラントオパール分析の日本での開発者。

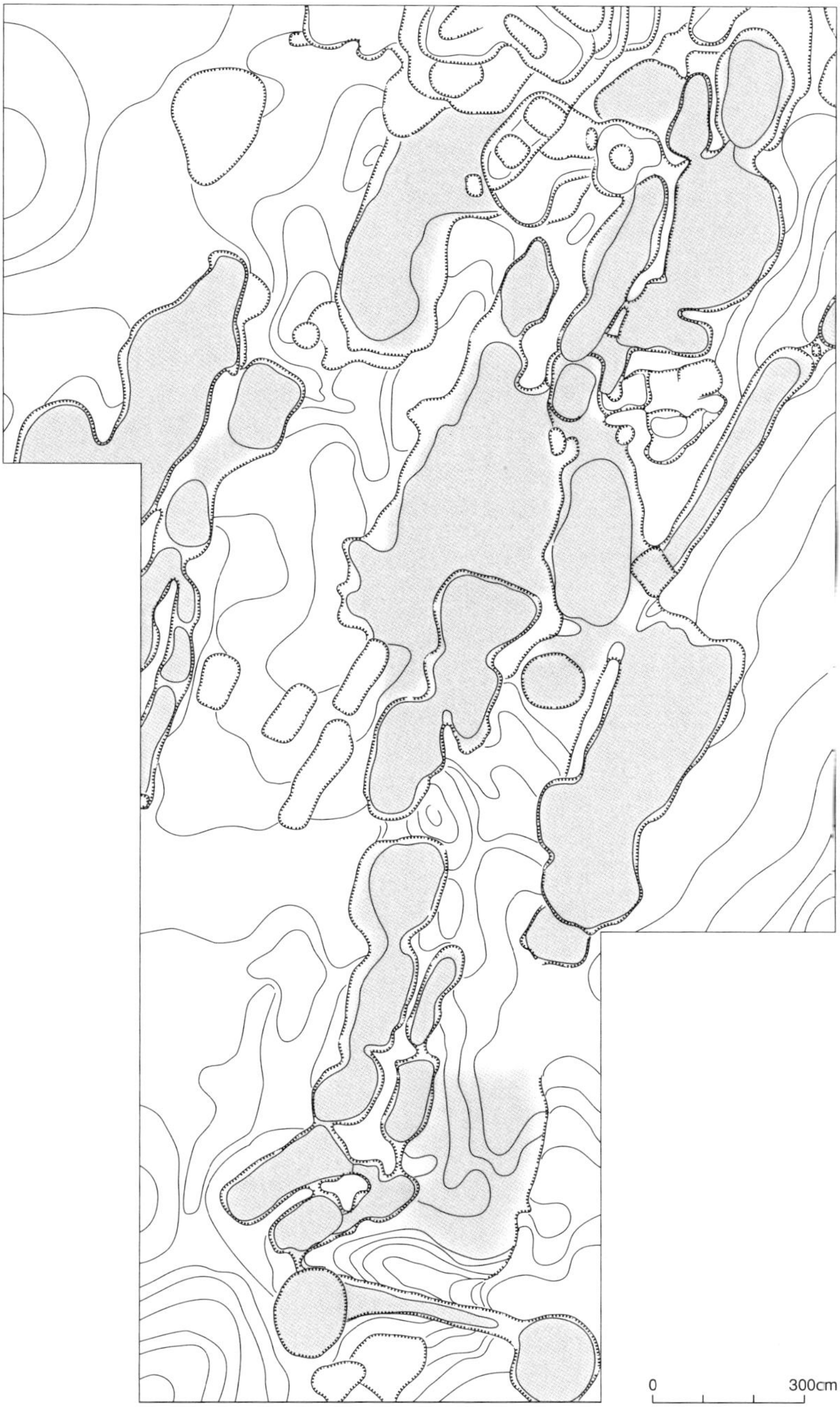

■馬家浜文化時期の水田跡

発掘された草鞋山遺跡の「水田」。影をほどこした部分が水田とされる部分せるのに使ったと思われる連絡溝が掘られていた。一番深いくぼみは深さが数十センチもあり、井戸かとも考えられた。

そこにイネが生えていたことは、こうして明らかにされた。まさに、六四〇〇年前の稲作の様子が浮き彫りにされたのである。ただし、時の人々が人工的に築いたこうした構造物の中で果たしてイネだけを育てたのかどうか、私には疑問があった。そこにイネ以外の生き物がいなかったとは考えにくい。その構造物が、現代のような水田を思わせるものではないと考えたい。

古代の都市か、城頭山遺跡

長江中流域にある城頭山遺跡も注目を集めた遺跡のひとつである。この遺跡は直径三〇〇メートルほどの円形の台地の上に展開した、古代の都市を思わせる遺跡である。台地の縁には土をつき固めた城壁が作られ、またその外側には部分的にではあるものの掘割り*が設けられていたらしい。城壁の東西南北には門が設置され、また集落中央部にはいくつもの建物跡や、多量のれんが片のようなものもみつかっている。左頁左下の写真は出土した建物のあとで、それが神殿のようなものであったか王の居所である宮殿であったのか、いま調査がすすんでいる。城頭山遺跡は、すでに都市としての機能を持ち、さらには大きな権力を集中する王がいたのかもしれない。この点をめぐっての議論はある。しかしそこが、長江文明が形成される過程におけるひとつのステップを示す重要な遺跡であることに相

草鞋山遺跡の発掘現場

掘割り 地を掘って水を通した所

発掘される城頭山遺跡。環濠のあとらしい黒っぽい地層が見えている

城頭山遺跡中心部の建物跡

城頭山遺跡の遠景

違ない。

この遺跡からも田んぼのあととされる遺構のほか、いろいろな場所からイネの種子も出土している。その量は決して多いとはいえないが、いろいろな場所・地層から出土している。このことを考えると、城頭山に人が住み続けていたあいだずっと、イネが栽培されていたことは確かなようである。これらは、国際日本文化研究センターの矢野梓さんや私の研究室のDNA分析で、ジャポニカに属することがあきらかになった。DNA分析は河姆渡遺跡や草鞋山遺跡から出土したイネ種子にもおこなわれていて、その結果では今までに分析した二〇粒ほどの種子のすべてがジャポニカであった。どうやら長江文明はジャポニカの文明であったらしい。これについて詳しいことはまたあとで述べる。

城頭山遺跡の周辺には、これと同じかこれよりも古いと考えられる遺跡がいくつもみつかり、それらからはイネ種子も出土している。ここから二キロほど南東にある彭頭山遺跡からは、もみの跡の残る土器のかけらがみつかっている。この土器片は今から九五〇〇年余り前のものといわれる。

発掘

古い時代のイネの性質をしらべるために、私たちは出土する種子などのDNA分析を進めている。そのためには出土する種子があればよく、なにも新たに発掘の必要はない。しかし分析に用いる種子は、発掘後すぐのもののほうがよい。さ

昔を掘る

遺跡の発掘ではないので土器などの遺物は出てこないが、小さな種子などにはしばしばお目にかかる。掘り下げるうちから水が湧いてくることも多く、水位の高さがわかる。

らに当時の生態系や稲作の様子を具体的に明らかにするには、イネだけではなく一緒に生えていた雑草などの種類を知ることも重要である。そこで私たちは、時々、田んぼのまんなかにトレンチ*を掘って、古い時代の地層の種子を集めるなどしている。トレンチの壁面を注意深くみると、土の堆積が決して連続的ではないことがわかる。堆積が不連続に起こったところでは、色の異なる土が層をなしてみえるからである。土壌学の専門家の応援を得てそれぞれの地層から一リットルほどの土のサンプルを取り、それを洗って中に含まれるさまざまな遺物をとる。

　ほりあげられたばかりの土は数千年もの眠りから覚めたばかりの、初々しい表情をしている。中に含まれた種子などは今のものかと思われるほど鮮やかな色をしたものもある。ときには種子のように目に見えるものがみつかることもあるが、それ以外にも花粉、プラントオパール、ケイ藻*の殻なども見つかって、当時の環境を推定するのに使われている。出土する花粉は、その地層が形成されたときに、周囲にどんな植物が生えていたかを推定するのに有効な手段である。ケイ藻は、地中に多量に含まれるケイ酸を殻のようにまとった原始的な生物で、ケイ藻の殻は、プラントオパール同様長期にわたって土中に残るので、過去のケイ藻の姿をみることができる。ケイ藻は、その殻の形や大きさによって分類されている。また、それは種によって乾燥したところを好むものや水生のもの、また水生のものでは淡水性のものと海水性のものなどの違いがある。だから、ケイ藻の種類を特定することによって、当時の水環境を推定できる。

トレンチ　予備調査のために地面に掘る試掘溝

ケイ藻　細胞の外側にケイ酸の殻を発達させた単細胞生物

現われた地層。手前(左下)の黒い部分は影［蘇州郊外］

掘り出された土

なにやら繊維状のものがみえる

イネ関連表

中国の出来事			絶対年代	日本の出来事	
野生イネが利用される			−15000	このころから土器使用	
河姆渡遺跡		仰韶遺跡	−7000		
	長江流域に文明おこる	黄河流域に文明おこる			
長江流域一帯で稲作	良渚遺跡		−5000	三内丸山遺跡	このころまでに熱帯ジャポニカ渡来
水田稲作華北にも広まる?				**縄文時代**	
			−3000		
	春秋戦国時代 ●混乱激化				水稲(温帯ジャポニカ)渡来(?) 風張遺跡からイネ籾出土
				弥生時代	
	秦 ●始皇帝				板付遺跡
	漢		−2000	●邪馬台国	登呂遺跡
	唐			**古代**	荘園おこる
			−1000		
占城稲が渡来(ベトナムから)	**南宋** **元**			鎌倉に幕府 ●元寇 **中世**	大唐米渡来
	明		−500		
長江流域の野生イネ滅亡?				●家康天下統一	このころ常畑水田完成
				近世	
	清				飢饉が相次ぐ
			−150	明治維新	
	中華民国				イネの反収180キロ。以後急速に伸びる。 インディカ、ジャポニカ命名
稲中国起源説(周拾録) 中国水稲栽培学(丁潁)	**中華人民共和国**		−50		
ハイブリッドライス広まる					コシヒカリ生まれる 稲作日本一運動
			−20		アッサム‐雲南起源説(渡部忠世)

4・水稲の誕生

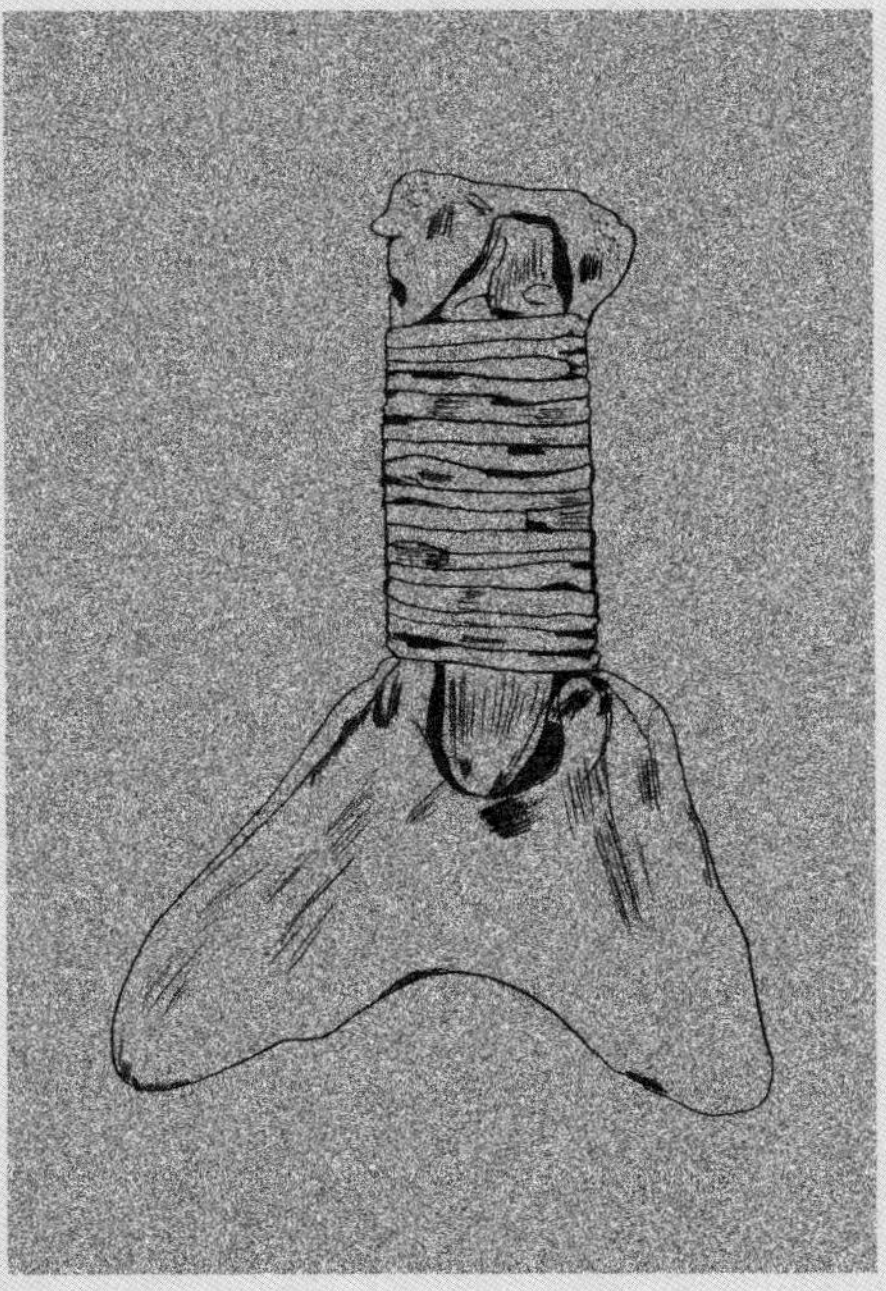

イネの品種概説

イネはおおきく、インディカとジャポニカにわかれる。インディカとジャポニカは、俗に言われるような種子の形では区別できない。「細長いのがインディカ、丸いのがジャポニカ」というのは俗説に過ぎない。同じように、米がねばるのがジャポニカでぱさつくのがインディカという区別も正しくない。ジャポニカが丸く粘る米をもつという感覚は、今の日本の米しか知らない人の感覚に過ぎない。

インディカとジャポニカを区別する形質はいろいろだが、定義上は次の表のようになる。

形質	インディカ	ジャポニカ
フェノール反応	プラス（＋）	マイナス（－）
塩素酸カリ抵抗性	感受性（弱）	抵抗性（強）
ふ毛の長さ	短	長
低温抵抗性	感受性（弱）	抵抗性（強）

インディカ、ジャポニカの名前はおおもとは加藤茂苞ら*（一九二八）によるものだが、その後岡彦一*は一九五三年に右表のような定義を与えている。なお岡博士は当初、インディカ、ジャポニカという名前をつかわず、大陸型、島型といういいかたをしていた。一九六〇年代に入って、岡博士はそれらをインディカ、ジ

加藤茂苞（かとうしげもと）[1868－1949] 山形県生まれ。1904年に国立農事試験場畿内支場でイネの人工交配に成功するなど、水稲品種の改良育成に貢献した。

岡彦一（おかひこいち）[1916－1996] 和歌山県生まれ。遺伝学者。世界中の野生イネをみて歩く徹底した実証主義者で、イネの進化遺伝学の発展に寄与した。

ャポニカと呼びかえられたのであるが、その理由は定かではない。インディカとジャポニカの分化は複雑で、単独形質で両者を区別することはできない。

インディカとジャポニカは異なる祖先から進化してきたと考えられる。ジャポニカの直接の祖先はオリザ・ルフィポゴンと呼ばれる多年生の性質を持つ野生イネであると考えられる。一方、インディカの進化はジャポニカのそれほど単純ではなかったようである。ただはっきりしているのは、オリザ・ニヴァラと呼ばれる一年生の種がインディカの進化にかかわっているらしいということである。

インディカとジャポニカとは、栽培化された場所も違っている。ジャポニカが最初に栽培化されたのは中国の長江中・下流域であろうが、インディカが栽培化されたのは熱帯アジアの低地のどこかであると考えられる。このように考えれば、中国はジャポニカのふるさと、日本はそれを受け入れた地域であるといえる。

ジャポニカの品種は温帯ジャポニカと熱帯ジャポニカとにわかれる。熱帯ジャポニカは焼畑*のような陸稲*地帯に、また温帯ジャポニカは水田に、それぞれ適応している。

中国のインディカとジャポニカ

ところで中国には古くから、イネの品種に対する伝統的な呼び方があった。秈と稉とがそれである。秈と稉とは、禾ヘンを米ヘンに変えた籼と粳の字が使われることもある。米ヘンと禾ヘンがどう違うのかはわからないが、意味するところ

焼畑　山の草木を焼き、そのままその焼跡に多種類の作物を播きつける畑。東南アジアの山地部に今なお残されている。

陸稲　畑地に栽培されるイネ。生育中、水稲ほど水を必要としないが、水稲より収量が少ない。

の品種群は同じとみてよい。

二つの品種群の特性を体系的に調査したのは、丁穎*、程侃声の二人である。丁はすでに一九六一年に「中国水稲栽培学」という本を編集し中国におけるイネの起源の研究などの基礎を築いたが、その人脈は今の中国の学会を脈々と流れ続けている。

丁は、二つの品種群の歴史やその遺伝的な特性を調べた。また程は秈と粳に属する品種の遺伝的な特性を実際に調査し、それらが既存のどんな品種と合致するかを調べた。その結果、秈はインディカに、また粳はジャポニカに相当することが明らかとなった。もっとも、インディカとジャポニカの違いが、すべて秈と粳の違いだというのではない。つまり秈と粳とはインディカとジャポニカそのものであるというのではなく、秈はインディカの一部であり粳はジャポニカの一部なのである。

現在の中国には秈と粳の双方が分布する。そしてそれらは相当の昔から中国にあったものと考えられている。こうしたことから、中国には秈と粳の両方が中国生まれであると信じる学者が多い。先述の丁もまたそうした考えの持ち主であった。丁は、インディカとジャポニカのおこりについて、まずインディカが野生イネから分化して生じ、その中からさらにジャポニカが生じたという解釈を示した。以後中国では現在に至るまでこの考え方が広く流布している。

これを支持する形で、浙江大学の游修齢*教授は、河姆渡遺跡から出土したイネ

丁穎（Ding　Ying）
［1888－1964］広東省生まれ。東京帝国大学農学部卒。中国農業科学院院長、華南農学院院長などを歴任。

游修齢（You Xiuling）
1920年浙江省温州市生まれ。主な論著『中国稲作史』（共著、農業出版社）『稲のアジア史2』（共著、小学館）

の種子の形をみてその七割がインディカ、三割がジャポニカであったと考えた。彼は種子の形でインディカとジャポニカが区別できるという俗説の域を抜け出すことができなかったのである。だが、66頁に書いたように、私たちのＤＮＡ分析の結果、さらにプラントオパール分析の結果からは、少なくとも五〇〇〇年以上前の遺跡から出土したイネのほとんどすべてがジャポニカに属することを示している。つまり中国のインディカが、いつの時代にかどこかよその地から運ばれてきた可能性を示唆しているのである。

今のところそれがいつの時代にまでさかのぼるかについて、今のところ明確な証拠はない。はっきりしているのは、南宋*の時代（約一〇〇〇年前）、多量のインディカ品種が占城*（今のベトナムあたり）から導入されたという記録があることである。当時中国は今より少し乾いた気候にあったらしい。それに人口増加がからんで大規模は食糧増産に迫られた当時の皇帝が、占城から、乾燥に強い早生*のイネを導入したというのである。これについてはまた後で述べる。

これ以前の中国にインディカがあったか否か、今のところはっきりとした根拠はどこにもない。今後の発掘と分析に期待するところ大である。

なお、浙江省など一部の省では、秈と稉とが共存している。しかし両者はこうした地域でも異なる作期をもつなど棲み分けており、実際には自然交配をおこすなどのアクシデントはおこりにくくなっている。彼らは隣同士の品種でありながら、実際のところはきちんと隔離されている。

南宋　960年、趙匡胤が汴京（開封）に都し、1127年金に圧迫されて江南に移るまでを北宋、以後臨安（杭州）に都して1279年蒙古に滅ぼされるまでを南宋という。

占城　チャンパ。インドシナ半島東南部のチャム人が建てた国。2世紀に独立。海上交易の要衝にあたり、中継貿易で繁栄した。中国では古く林邑と呼んだ。17世紀末滅亡。

早生　作物や果物で、早く開花・結実・成熟する性質秈と粳とは垂直分布にも際立った違いを見せる。雲南省では、山の上と下とで品種の分布が異なる。高度一八〇〇メートルを境に、それより上には粳の品種が、それより下には秈の品種が分布するという。

占城稲の秘密

さきにも書いたとおり、中国には今から約一〇〇〇年の昔、インディカの系統であった占城稲が今のベトナムあたりから導入されたと考えられている。ベトナムにあったインディカの品種には、「五月稲」とよばれるものと「一〇月稲」と呼ばれる二つの系統があった。前者はベトナムの旧暦で五番めの月に成熟するイネ、後者は一〇番めの月に成熟するイネという意味のようである。前者は前年冬に播きつけられそのまま冬をこして夏前に収穫されるイネと解される。この作期は台湾の第一期作のイネはじめ冬に雨季が来る北東モンスーン地帯に広くあてはまるもので、夏に栽培すると早生の性質を現わす。これと同じ冬播きの品種群にはベンガル地方のボロと呼ばれる品種群がある。占城稲は記録によれば早生の品種として導入されたものである。であるとすれば、占城稲はベンガルのボロと類似性をもっているのかもしれない。夏に栽培して早生を表わす品種群には、もうひとつアウスとよばれるものがあるが、これと占城稲とは遺伝的には少し違うようである。

一方「一〇月稲」は春に播き秋（一〇番目の月）に成熟するイネであったと解

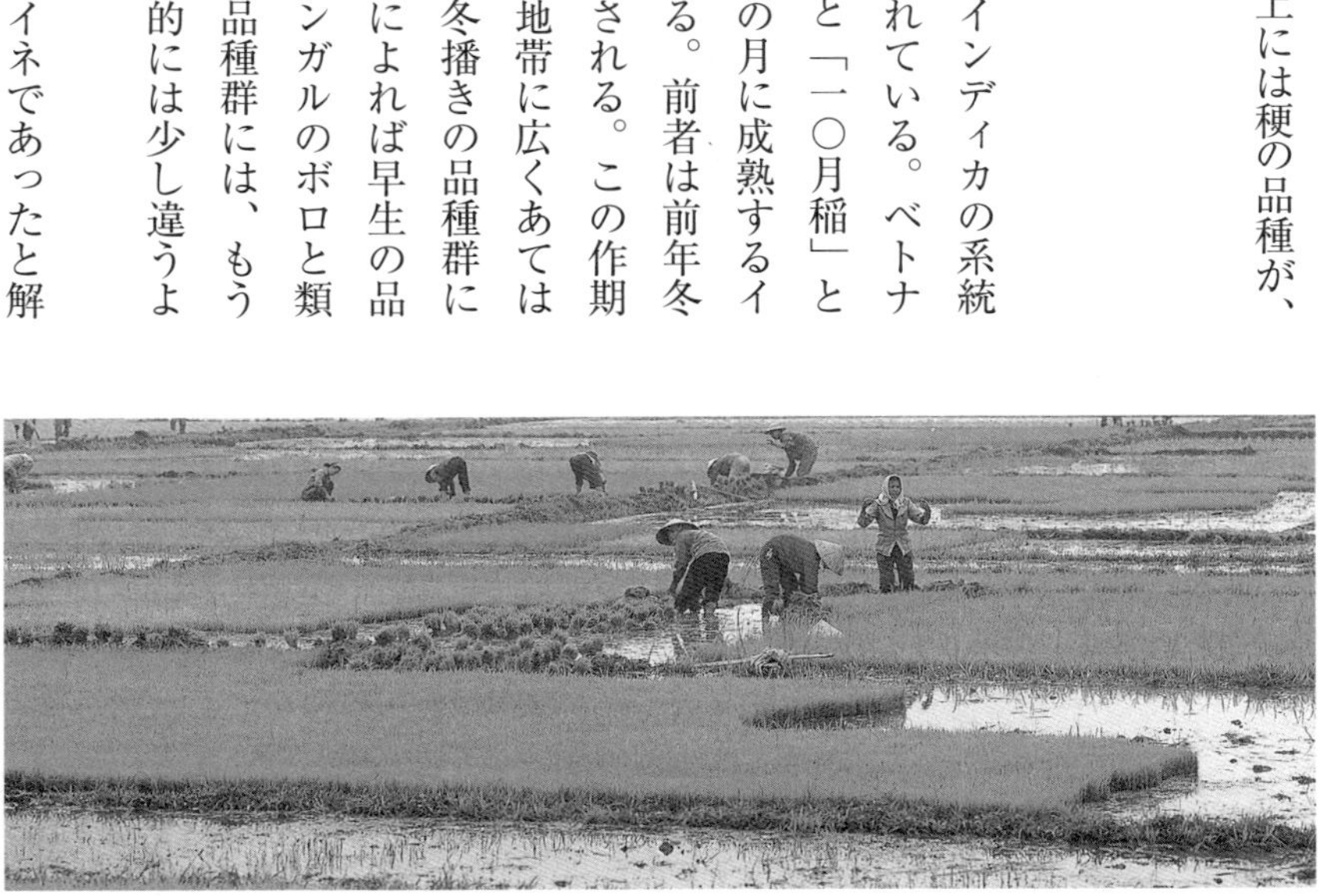

苗とり［ベトナム・ハノイ近郊］

される。これに類するインディカの品種は多く、東南アジアから南アジアにかけて分布する大方の品種がこれである。とくに、大河の下流や後背湿地などの低湿地帯にひろがる浮稲は、ほとんどがこれに相当する。ベンガルでは、アマンと呼ばれる品種がその代表である。

アジア各地に残る「生態型」

生態型	地域	特徴
アマン	ベンガル・バングラデシュ	晩生　浮稲性を示すものあり。インディカに属するものが多い。
アウス	同右	早生から中生　乾燥条件〜湿性条件に耐えるものまであり多様
ボロ	同右	冬イネ。インディカに属するものが多い。
ブル	インドネシアなど熱帯島嶼	熱帯ジャポニカが多い。長い芒をもつものが多い。
チェレ	同右	赤米のインディカで無芒のものが多い。
秈	中国南部	中国のインディカ
粳	中国北中部	中国平野部のジャポニカ

浮稲［タイ・プランチンブリ県］

雲南の変わった品種たち

籼と粳という名称は、しかし、比較的海岸部に近い平野部のイネにだけ与えられたものである。中国でイネの品種の数が最も多いとされるのは雲南省一帯であるが、ここには籼、粳という明確な仕分けは存在しない。というより、そのどちらにもあたらない品種が多数存在する。とくに品種の宝庫と呼ばれた雲南省や貴州省一帯には、籼とも粳ともつかない品種が多数存在する。中国のイネの研究者たちは雲南省のイネを分類してそれらを籼と粳とに分ける作業をおこたらなかった。しかし籼と粳というくくりでは収まらない品種があることもまた事実であった。また焼畑にしかみられない特徴的な品種がたくさんみつかった。

その一つが、光殻と呼ばれる品種である。光殻の特徴は、葉や籾の表面に毛がないことである。普通イネの葉や籾がら、とくにその先端部分にはガラス質の毛が密生する。その長さはごく短く、たとえば籾の先端の毛などはたかだか一ミリメートルほどに過ぎないが、その数がすごい。このガラス質の毛のゆえに、イネの葉で手を切ったり、あるいは稲刈りのときに全身がかぶれたようにかゆくなったりするのである。ところが光殻にはその毛がほとんど、あるいは場合によってはまったくない。

これとまったく同じ性質を持ったイネがたくさん栽培されているのが、米国のミシシッピ流域の品種である。米国では刈り取られた籾はカントリーエレベータ*

カントリーエレベータ　収穫した米を品質の落ちにくい籾のまま保存する施設。出荷直前に籾摺りと精米を行う。

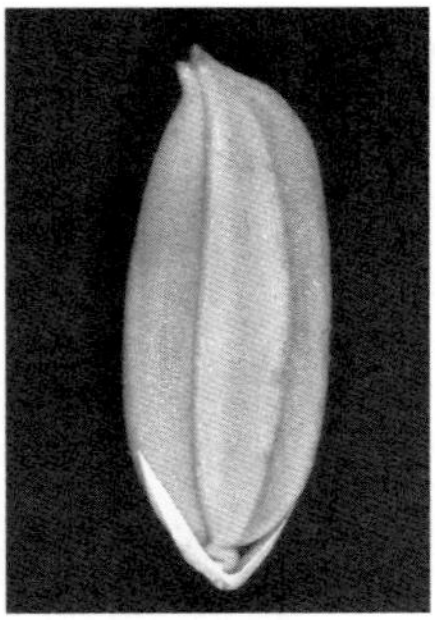

グラボラスのイネ

の中にいったん蓄えられるが、このとき籾の表面に毛があると毛どうしが邪魔しあってよりおおくの籾が蓄えられない。そこで米国のイネ品種は早い時期から毛のないグラボラスと呼ばれる品種を使ってきた。グラボラスのふるさとはフィリピンの陸稲地帯であるが、フィリピンのグラボラスと中国の光殻とは、同じ遺伝子の支配を受けている。光殻は、太平洋を飛び越えて一気に米国に渡ったのである。

もうひとつ、雲南省一帯に固有の性質を持つイネがあった。護頴と呼ばれる器官が異常なまでに発達する品種である。これには特定の名前はついていないが、専門の用語では長護頴（ちょうごえい）と呼び習わされている。長護頴の品種は、中国では雲南省一帯に固有の特徴ではあるが、日本にもわずかながらその存在が知られている。また縁の遠い野生イネの中にも長護頴のものが二種知られている。日本各地に古くから残された品種の中に、はね、二枚皮、三枚皮、などと呼ばれている品種がある。これらの多くは長護頴の特徴を持つ品種である。

長護頴の品種は弥生時代の日本列島にもあったらしい。奈良県の唐古・鍵遺跡*から出土したイネ穂のなかに、この長護頴のものがあったと、高橋護*氏から聞いたことがある。また、私自身、滋賀県守山市の下之郷遺跡*出土のイネ籾の中に、やはり長護頴のものと思われる籾殻を発見している。これら太古の時代の長護頴の品種が雲南あたりのそれと同じ系統のものなのかどうか。これからの検討課題のひとつだとおもっている。

長護頴のイネ　写真のイネは左側の護頴だけが発達しているが、両方の護頴が同じように発達するのが普通である。

唐古・鍵遺跡　［奈良県田原本町］今からおよそ2000年前に栄えた集落跡。約30ヘクタールの遺跡面積は近畿地方最大。直径約400mの範囲が居住区で、その周りには幾重にも環濠が巡る。また多量の石器・木器・絵画土器が出土し、青銅器鋳造施設も発見された。

高橋護　（たかはしまもる）1933年生まれ。考古学者。ノートルダム清心女子大教授。

下之郷遺跡　［滋賀県守山市］東西約670m、南北470mの範囲に最多で9重の環濠が巡る、今から約2100年前の巨大環濠集落跡第三のイネが、鎌形と呼ばれる籾の形をしたイネである。ふつうの籾は、その幅が一番広いところが籾のほぼ中央部に来るが、この鎌形の品種ではもっとも幅広の部分がむしろ先端部によってしまう。だから籾全体がまるで鉈のような形になってしまう。これもまた、雲南省から貴州省一帯の焼畑地帯に固有のイネの姿である。この鎌形は日本列島ではあまり知られていないが、かつて直良信夫*博士が東京中野の工事現場でたまたま見つけたイネの種子がこの鎌形に似ていたようである。

ともかく、雲南省から貴州省にかけての山の中には独特の形質を持った品種がまだ残されている。その多くは平地にはみられないものではあるが、おもしろいことに日本列島には現在・過去の少なくとも一時期に、それら特殊な形態を持ったイネが栽培されていたことは確かである。そしてそれらが多分、中国に発し海を越えて日本列島に伝わったらしいことも事実なのであろう。

二つのジャポニカ

世界のジャポニカ品種はさらに、温帯ジャポニカ*と熱帯ジャポニカ*とに分かれる。名前の命名主はかの岡彦一博士であった。温帯、熱帯という名前は両者の分布地域を表しているかのような誤解を与えるが、かならずしもそうではない。

岡彦一博士によれば両者を区別する形質は、籾の形、メソコチル（中茎）と呼ばれる器官の長さ、それに胚乳*のアルカリ崩壊度*、という耳慣れないものばかり

直良信夫（なおらのぶお）［1902–1985］古生物学者。大分県生まれ。著書に『貝塚の話』（さ・え・ら書房）、『東京都中野の生いたち』（中野区史料館資料叢書）ほか

温帯ジャポニカ・熱帯ジャポニカ 1953年岡彦一博士によって命名。なおジャワニカという呼称が使われる場合もあるが、これはほぼ熱帯ジャポニカと同義とみてよい。

胚乳 種子内にあってその細胞内にでんぷん等をたくわえ、種子の発芽の際に養分を供給する組織

アルカリ崩壊度 イネの胚乳は強アルカリ液につけると溶け出してゆく。その溶け出しの程度は品種によっていろいろである。この溶け出しの程度を「アルカリ崩壊度」という。

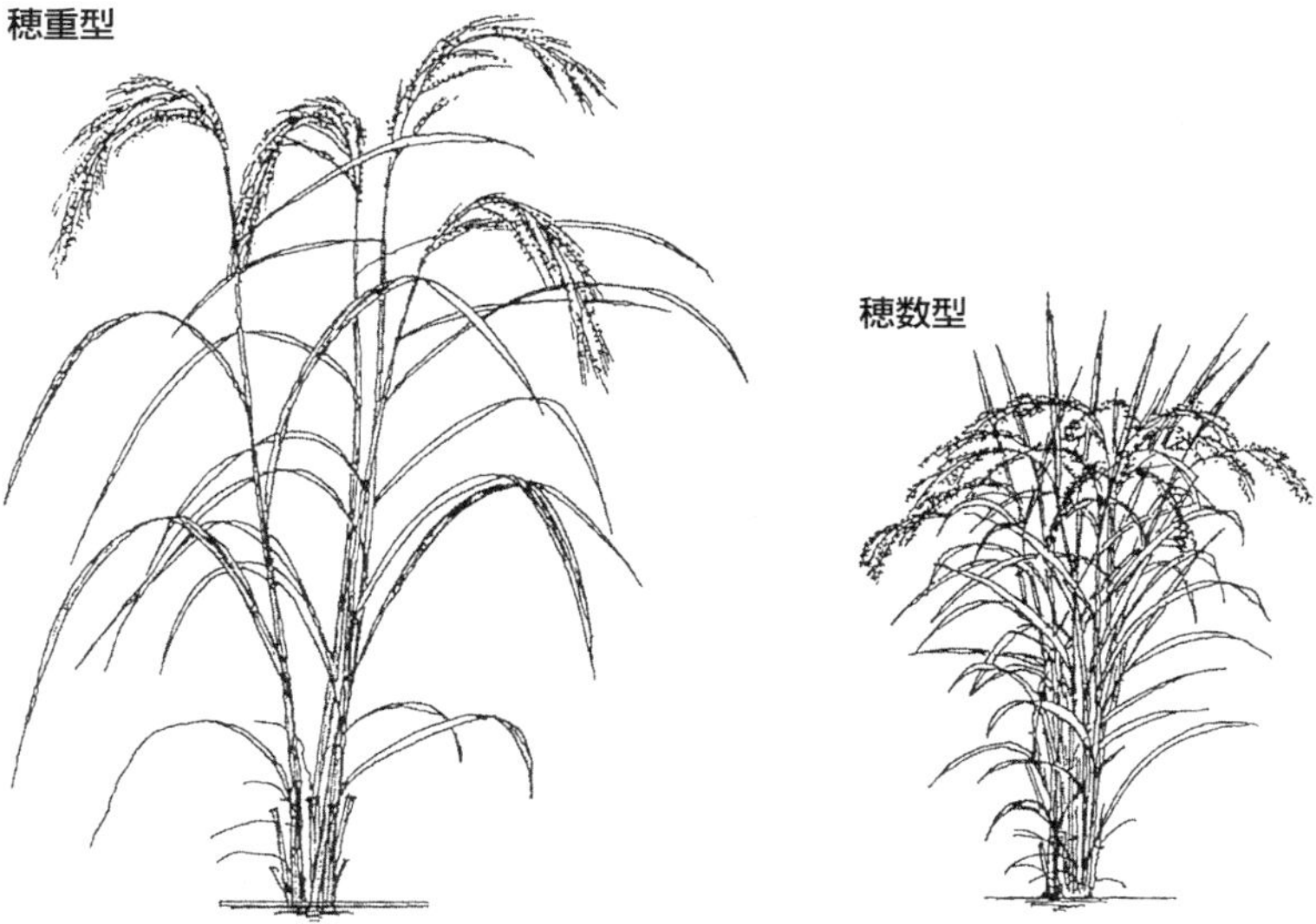

穂数型—穂重型のイネ　熱帯ジャポニカは穂重型のものが圧倒的に多く、また焼畑のような粗放な栽培環境を好む。反対に温帯ジャポニカは多くが穂数型を示し、また、現代水田のような集約的稲作によく合う。

焼畑［ラオス］

水田［中国・湖南省］

である。熱帯ジャポニカは、籾がやや細長く、メソコチルが長くそしてアルカリ崩壊度が小さい。温帯ジャポニカはこれと反対の性質をもつ。といっても両者の違いはさっぱり見えてこないので、私は2つのジャポニカの形態上の違いを調べてみた。その結果、両者が穂、茎や葉の長さや大きさに違いを示すことがわかった。

農学の分野では、イネをその形態によって「穂重型」と「穂数型」とにわけることがある。前者は後者に対して、一本一本の茎や穂のつくりが大きく、また葉も長くて幅太であるが、反面株分れの能力にやや欠けている。背丈は当然、穂重型で大きく穂数型で小さい。多数のジャポニカの系統を、岡博士の基準で熱帯型と温帯型に、またその形態に基づいて穂重型と穂数型とに分けて比べると、熱帯ジャポニカの多くが穂重型の形態を、そして温帯ジャポニカの多くが穂数型の形態をもつことがわかる。*

二つのジャポニカに関してもうひとつ特徴的なのは、どういうわけかは知らないが先に述べた光殻、長護頴そして鎌形の三タイプがほぼ例外なく熱帯ジャポニカに属することである。さきほど、長護頴と鎌形については日本列島にその類型を見ることができると書いたが、この事実は、日本列島の熱帯ジャポニカの系統の少なくとも一部がもともとは中国起源であった可能性を示唆している。もっとも、現在の中国における熱帯ジャポニカの分布域が過去にも同じであったとかんがえなければならない理由はどこにもない。ともかく、二つのジャポニカがその形態である程度区別できることがわかった。

* 近年の品種改良は穂数型の選抜に徹底的にこだわったと言える。

ブル品種。芒だけでなく、モミ表面のふ毛も長くなっている。

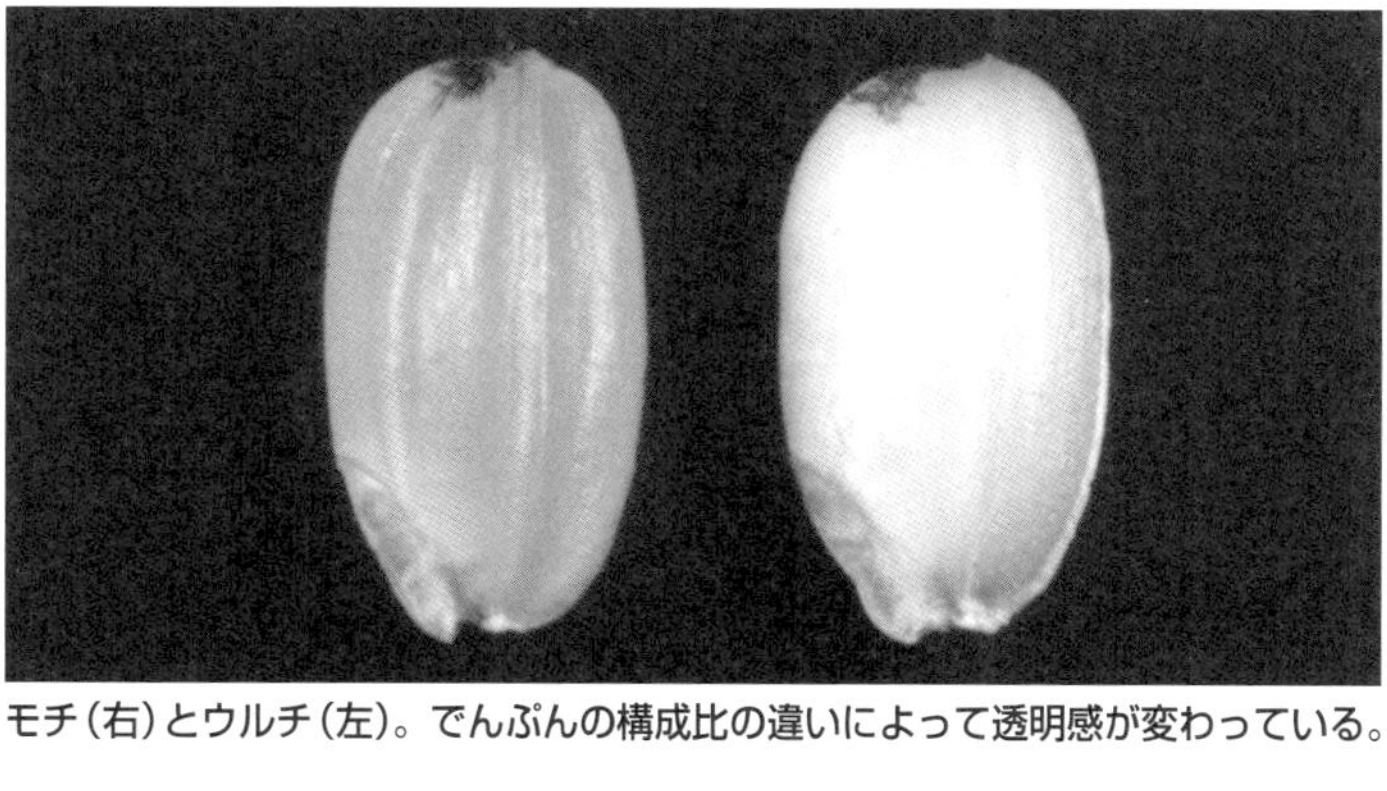

モチ（右）とウルチ（左）。でんぷんの構成比の違いによって透明感が変わっている。

熱帯ジャポニカを細分する

話がこみいってきたが、実は熱帯ジャポニカと呼ばれる品種にも二つのタイプがあるように思われる。

第一のグループはすでに紹介した光殻を中心とするグラボラス（無毛）のタイプ*で、主にフィリピン、中国雲南省、北ラオス、北タイ、上ビルマなどに分布する。これらの多くはモチ米であるが一部にうるちの品種もある。米国の南部（ミシシッピ川流域）のイネ*はこれらを起源とするものである。なお中国ではこれらの品種のことをnudaと呼ぶこともある。

第二のグループは主にインドネシア一帯に分布するもので、グラボラスのタイプとは逆に長い毛が籾や葉にしばしば高密度で分布する。また、長い芒をもつものも多い。インドネシアの在来品種のうちブル（bulu）と呼ばれているのがこれにあたる（前頁）。こちらはウルチの系統が多く、それもどちらかというと日本のイネなどよりはぱさついた感じの食味をもつ。

日本列島にはおそらく縄文時代に熱帯ジャポニカがあったと考えられている。だが日本にあった熱帯ジャポニカがどちらの熱帯ジャポニカであったかはまだわかっていない。

*→p.80

*米国のイネの主産地は南部ミシシッピ川流域とカリフォルニア地方の二つに分かれている。このうち前者のイネはいわゆる「長粒種」に分類されるものが多いが、分類学的には熱帯ジャポニカに属する。長粒種については89頁参照。

熱帯ジャポニカの分布

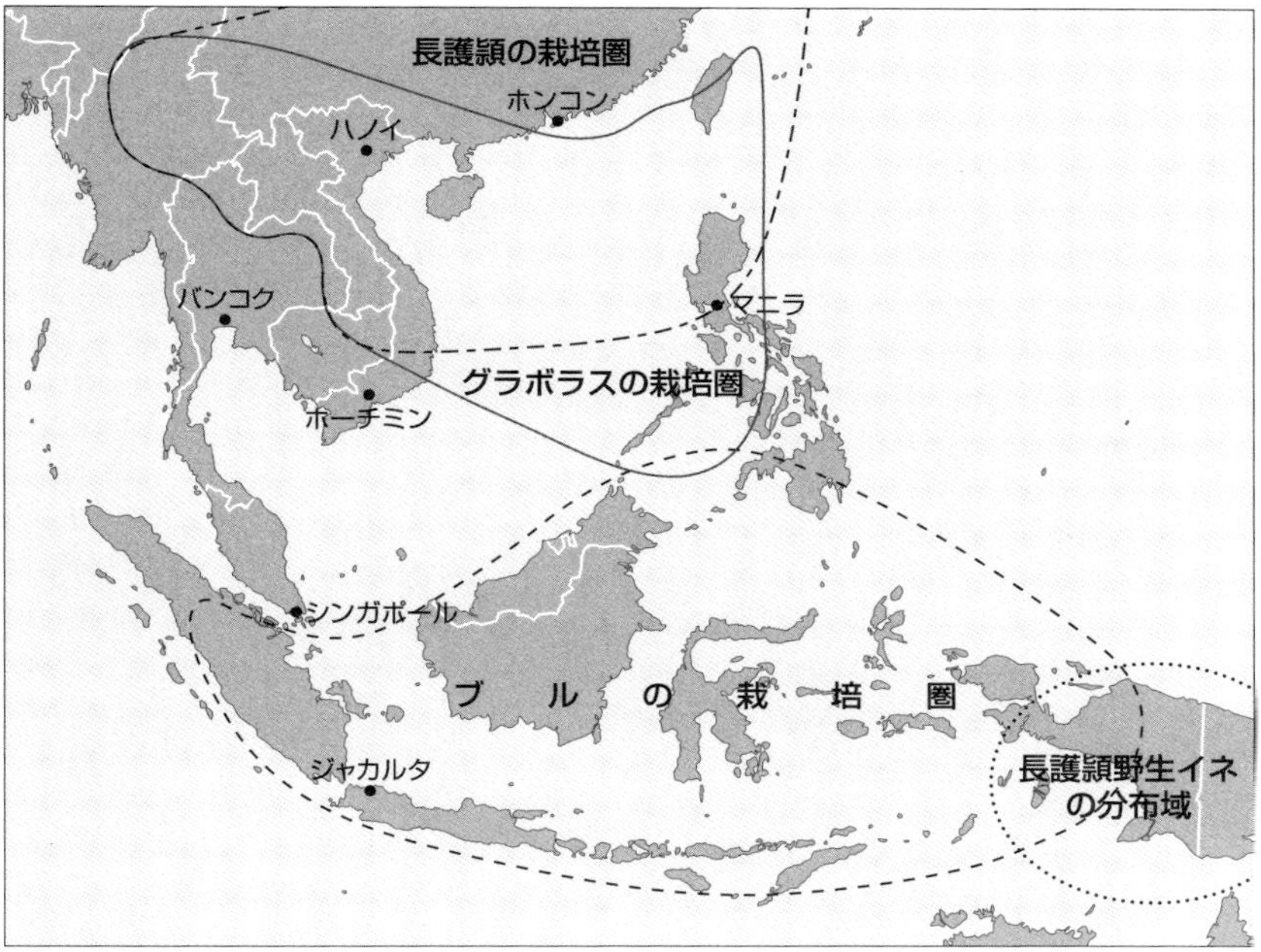

雲台山の全景

雑草イネ、櫓稲（ルータオ）

長江下流の北のほう、江蘇省北部の連雲港付近には、以前からちょっとかわったイネがあった。名を櫓稲（ルータオ）という。連雲港といえば、『西遊記』の主人公である孫悟空のふるさと、雲台山のあるところとして知られる。中国語の櫓（ルー）の字は、勝手に広まる、自生するというような意味を持つ。タオはイネ、だからは櫓稲は自分で生えるイネという意味になる。中国の研究者たちの研究によると、櫓稲は雑草イネと呼ばれるイネである。

ここで雑草イネについて説明しておかなければならない。雑草イネとは、野生イネと同様ヒトの庇護なしに生活環*をまっとうできるイネで、櫓稲のほか、韓国、米国、タイなど世界各地に分布する。それはまた過去には日本列島にも存在したことが知られている。「赤米」*がそうである。赤米とは玄米の表面が赤褐色のイネの総称である。いまは赤米といえば古代米の代名詞として珍重され各地にその栽培を広める同好会*まであるが、三〇年ほど前までは赤米は雑草として農民に忌み嫌われてきた。正規に出荷される米の中に赤米が混入すると、たとえそれがわずかであろうと品質劣悪のレッテルを貼られただ同然の価格で買いたたかれる運命にあったからである。その歴史は後に詳しく述べるが、赤米の歴史は日中五〇〇〇年の交流史の中ではやや異色な一面をもつ。

野生イネと雑草イネの大きな違いは、雑草イネが栽培イネに擬態し、いわばヒ

生活環　動植物が受精卵から成体となり死ぬまでの過程。生活史ともいう。

赤米　「あかまい」「あかごめ」とも言われる。赤色の色素は玄米の表面にとどまり、胚乳の内部にまで及ぶものはない。→p.94コラム

赤米の同好会　各自治体主催の「古代米の田植え経験」や、小学・中学校でも体験学習として赤米栽培を行うところがある。また穂を利用した装飾品や、菓子、醤油、酒なども販売されている。

トの目を欺いて耕地に入り込むところである。つまり雑草イネは見かけ上、栽培イネになりすますことで除草という「弾圧」を逃れ、生き延びてきた歴史を持つ。中には、栽培品種に混じって収穫され、脱穀されてはじめてそれとわかるケースさえあったという。

ルータオもまた、雑草イネとしてその地で生きながらえてきた。だがその位置は日本の赤米やアメリカのレッドライスなどとは微妙に違っている。「悪者」という観念が希薄なのである。

ジャポニカの分類のまとめ

ここでジャポニカの品種の分類のまとめをしてみよう。まず、ジャポニカは熱帯ジャポニカと温帯ジャポニカに分かれる。熱帯ジャポニカは、nudaやグラボラスなど、主に大陸部の熱帯ジャポニカと、buluなど島嶼部の熱帯ジャポニカに分かれている。前者の熱帯ジャポニカのうちグラボラスの系統の一部がフィリピンから米国に渡り、ミシシッピ諸州を中心に栽培される長粒種*のもととなった。米国の長粒種は、米国のイネについて書かれた本や記事などにインディカとして紹介されているのをみかけることがあるが、これは誤りでそのほとんどは熱帯ジャポニカに属する品種である。

また熱帯ジャポニカは、米国での広まりのはるかまえからほぼ世界中に広まっていた。欧州のイネのほとんどは熱帯ジャポニカであるし、アフリカに伝わった

長粒種　米国のイネ品種は、その玄米の大きさによって「長粒」「中粒」「短粒」の三つに分かれている。長粒種はそのうちもっとも細長い粒形をもつもので、主にミシシッピ流域で栽培されている。

ジャポニカも、また南米の陸稲地帯のイネもまた熱帯ジャポニカであった。

一方温帯ジャポニカは、中国や日本列島、あるいは朝鮮半島の水稲品種を中心とする品種群である。そして日本の品種の一部が台湾にわたって蓬莱種*となり、またカリフォルニアにわたっていわゆる短粒種*や中粒種*となった。

温帯ジャポニカも最近では各国に広まりを見せている。タイでは主に北部チエンマイ付近を中心に「コシヒカリ」の栽培が行なわれるようになった。その生産はバンコクに暮らす何万ともいう日本人の胃袋をみたすに足りるほどであるという。日本のコメもついにグローバル・スタンダードに達したかとみるむきもあろうが、コシヒカリの持ち出しの経緯は明らかではない。品種の輸出がほんとうにいいことなのかどうか、もう少し事態を見極める必要がありそうである。

蓬莱種 台湾で栽培される日本原産の水稲品種

短粒種・中粒種 米国産のイネ品種のうち、最も丸いものを短粒種、これよりやや長さのあるものを中粒種と呼んでいる。短粒種と中粒種のソースはおおかた共通で、両者の遺伝的な関係も似通っている。

ジャポニカの分類

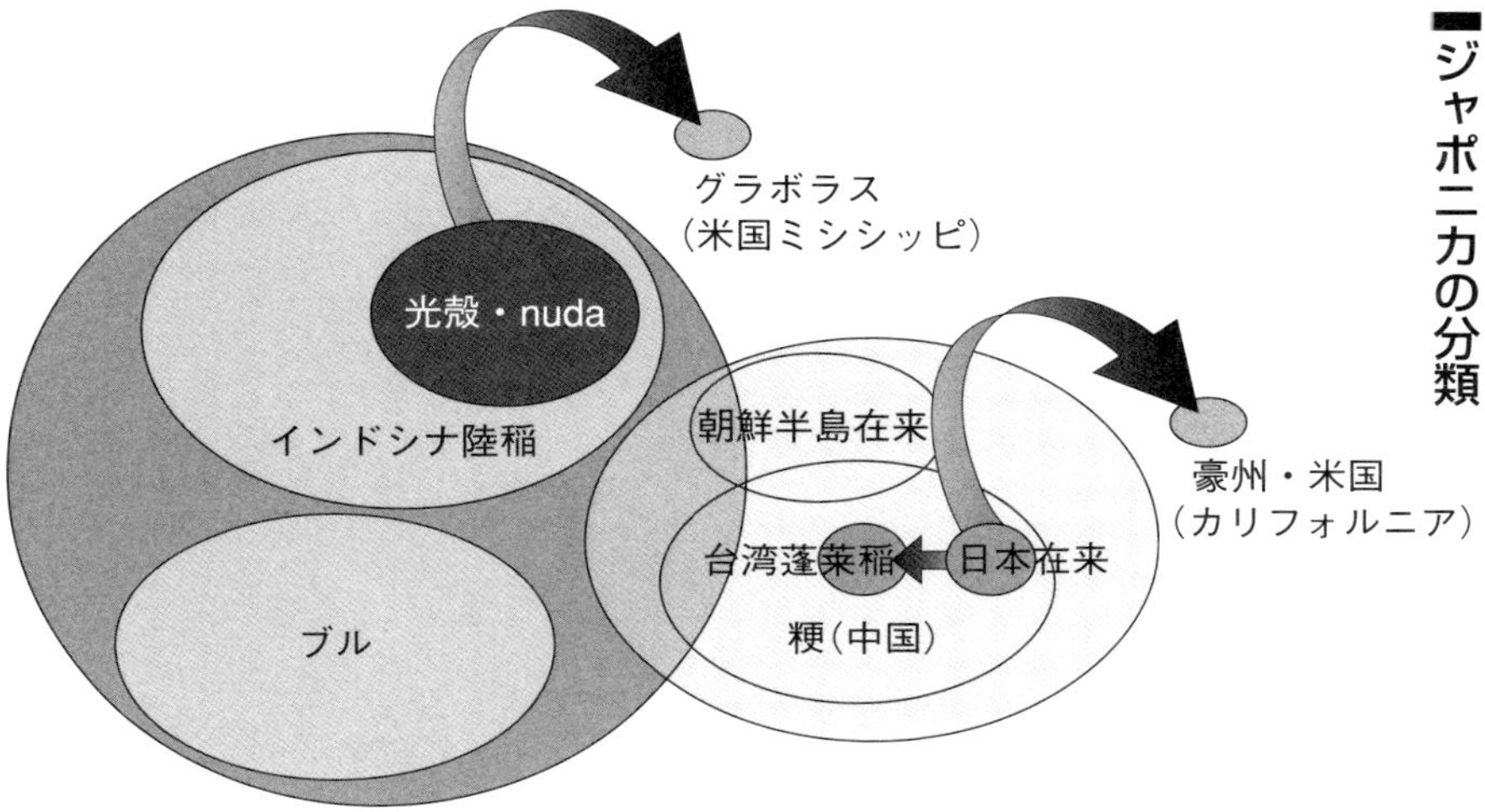

いろいろなジャポニカ品種の穂で作った生け花
「古代稲研究会」（会長：香山幸生氏）製作

「農業図絵」に描かれた近世の稲作風景

享保二年（一七一七年）ころ加賀で刊行された「農業図絵」には当時の稲作の素顔を描いた絵図が登場する。全般に、畑作業する農民の姿がよく描き出されている感じを受けるが、同時に機会あるごとに農家に精勤を促した当時の支配層の本音を垣間見る気もする。

まず春の作業を描いた右上の図には田植えの様子が描かれている。手植えの方法は中国やついこの間までの日本で見られた田植えと類似点がおおく、懐かしさを覚える風景になっている。次（左上）は草取りの様子を描いている。草取りは水田での作業の中ではもっともエネルギーの要る作業であった。夏の高温と十分な肥料分はイネのみならず雑草の生育をも助けた。イネはいつも雑草との競争の中に置かれていた。除草剤などが一切ない時代、田をはいつくばるようにして草をとるのが唯一の防除法であった。右下では稲刈りの様子が描かれている。刈った稲束は穂先を下にして田面に置かれているようにみえるが、これは収穫期には田面が乾いていたことを示している。そして左下が多分収穫の祝いごとの風景なのであろう。

日本では今ではこれらの作業を目にすることはもはやないが、つい三〇年ほど前まではどこででも見られた光景であった。そしてそれぞれの土地に固有の作業スタイルがその土地の風土を形成する重要な要素であったように思われる。

赤米──意外と知られていない素顔

本文にも書いたように、玄米の表面が赤いコメを「赤米」と総称するが、赤米と「古代米」とを混同している人がじつに多い。古代（ここではこの語を古墳時代より前の時代を含んでそう呼ぶことにする）のコメの全部が赤米であったという証拠はどこにもない。考古遺跡から出土するコメには真っ黒に変色したものが多くもとの色をとどめていないからである。奈良時代の木簡になかに「赤米」という文字があったというから、奈良時代には赤米があったことはわかる。しかし当時のコメの全部が赤かったということを必ずしも意味しない。赤米とそうでないコメとが区別されていたことは確かなようである。

古代米が赤かったとされるのは、野生イネが赤米であるという事実が拡大解釈されたからではないかと思う。野生イネが赤米なのだから、昔のイネも赤かったという話になったのではないだろうか。もっともオリザ属に属するすべての野生イネが赤米であるのかどうか、いちどちゃんと確認しておく必要があると思われる。

ところで赤米という語に対してふつうのコメを言い表すよい語がないことも案外知られていない。ときどき、「赤米」に対して「白米」という語を耳にすることがあるが、白米という語はもとは玄米を搗いて糠の層を取り去ったコメを言い表す言葉である。だから、赤米に対して白米という語を使うと誤解を生じる。しかたがないので、私は「普通のコメ」などと呼んでいるが、これも適当とはいえない。

最近の健康食ブームの中で赤米が見直されているとのことであるが、どういう機能があるのか興味のもたれるところである。蔵の中などに何十年も放置されたコメが見つかることがときどきあるが、ふつうのコメは玄米の表面が細菌などに侵されてぼろぼろになっているのに赤米はきれいに保存されているのを見たことがある。案外赤米の赤い色素に抗菌作用などの作用があるのかもしれない。

■5

中国の稲作風景

稲作の原風景

ジャポニカのイネが中国でうまれたときの「田」はどのようなものであったか。さきほど河姆渡遺跡や草鞋山遺跡の説明の中で述べたように、これらの遺跡からは今私たちが目の当たりにしているような水田は見つかっていない。草鞋山遺跡からは太古の「水田」が見つかったと報じられたが、それが現在の水田のような、イネだけが栽培される装置であるかどうかは不明である。

考古学的な証拠がない以上、太古の稲作の様子は状況証拠のつみ重ねによって復元するしかない。こうした場合、しばしば用いられてきたのが民族学的な事例に基づく推定である。つまり、より原始的なスタイルを残していると思われる稲作の方法を世界の各地に求め、それにもとづいて数千年前の稲作の方法を推定しようというのである。あるいはイネという植物の特性から、今までに提出された仮説のひとつひとつに検証を加えることも可能であろう。これらの方法は、時代も場所も異なるものを比べるのだから危険といえば危険であるが、それ以外適当な方法がみつからないのもまた事実である。

さて、最初の栽培化*がおこなわれた場所では、栽培化のもとになった祖先型の野生型と、改良を加えられた栽培型とが渾然一体となっていたはずである。おそらくは野生イネが生息していた沼地のような環境が、最初の田に姿を転じたと想像するのが自然であろう。より原始的な農耕を営む人びとの間では、イネならイ

栽培化　栽培という人の行為によって植物に生じた遺伝的な変化の総体

長江・水郷

イネはもともとが水生の植物である。長江の中・下流域は古くから水郷と言われ、水を軸にした暮らしが立てられてきた。水は、生命《いのち》を支えるばかりか、稲作をはぐくみ魚をそだて、さらに交通や交易の手段として利用された。

水のある風景［蘇州］

ナタネ畑

疎水［紹興市東南部］

長江流域点描

江南の田植え風景［南京］

長江河口の景観

苗代の風景［浙江省］

南京大橋　長江最下流の鉄道道路橋

長江［巫峡口］

水路が張り巡らされる［紹興］

水郷地帯の景観

蘇州あたりの太湖

黄土高原

崩れかかる村［渾源県東水頭村］

ムギと雑穀の風土

華北より北の大地には、ムギと雑穀に支えられた文化が展開した。それはやがて黄河文明として花開き、紀元前にはほぼ中国全土を支配することになる。

ムギと雑穀の大地は乾いた大地である。かつての森は姿をひそめ、土地はしだいに侵食されていった。

遼寧省

遼寧省

コウリャンの畑［遼寧省］

江蘇省北端

日本海
北京
天津
高原
黄河
西安
大運河
連雲港
温帯ジャポニカ
草鞋山遺跡
南京
上海
羅家角遺跡
杭州
寧波
河姆渡遺跡
良渚遺跡群
長江
八十垱遺跡
城頭山遺跡
彭頭山遺跡
仙人洞遺跡
東郷
長沙
玉蟾岩遺跡
熱帯ジャポニカ
姫笹原遺跡
朝寝鼻貝塚
台湾
桂林
香港
南寧
ナム
海南島
南シナ海
焼畑地帯
ジャポニカの起源地
野生稲の北限

主な稲作遺跡は、現時点での野生イネ分布のさらに北に位置する。このことより、中国ではかつては野生イネが長江流域にまで広がっていたことがうかがわれる。主要な稲作遺跡、重要な地名を地図に示した。

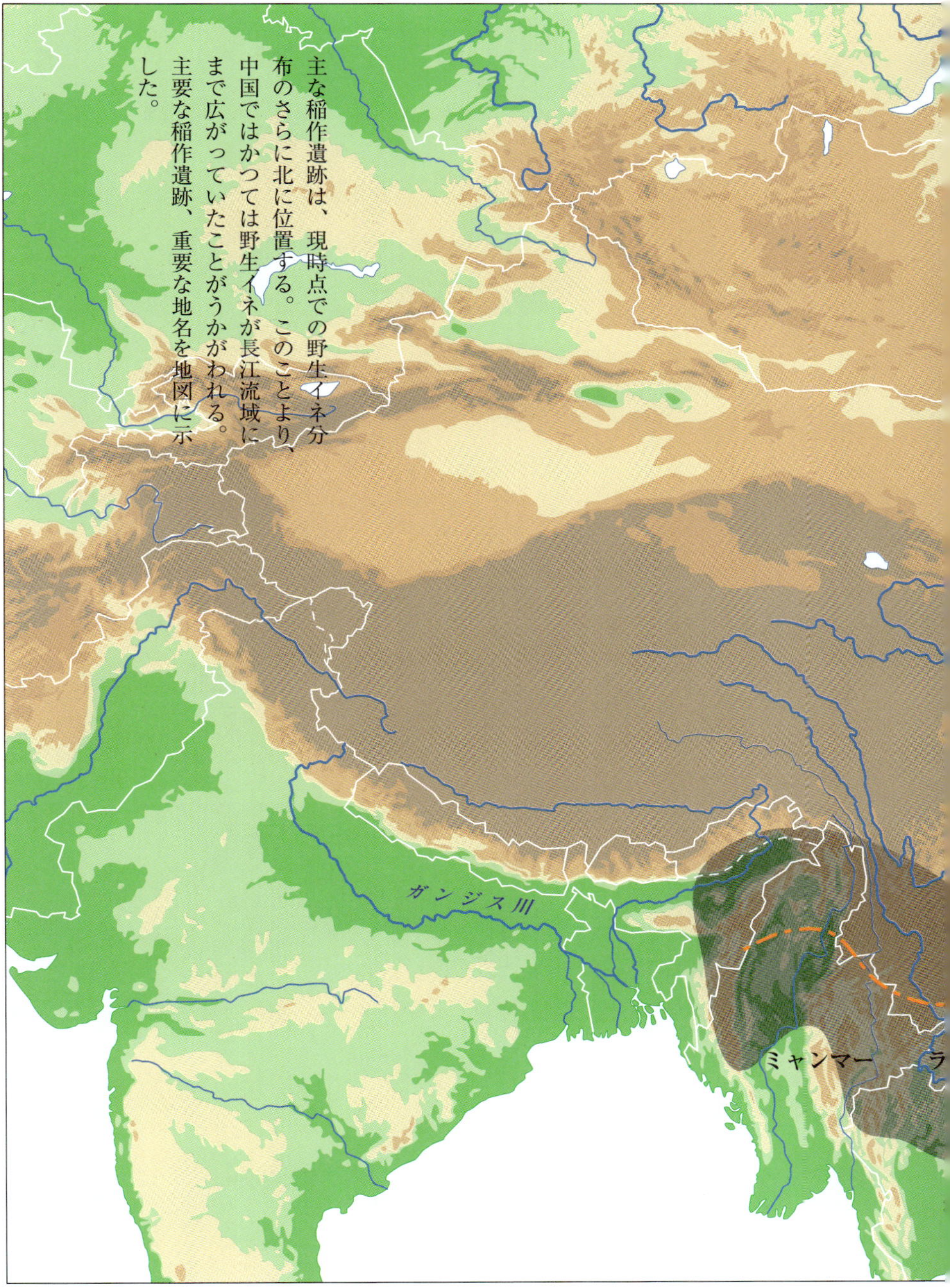

掘り出された古代

復元された発掘風景［河姆渡遺跡］

河姆渡遺跡博物館

河姆渡遺跡出土の深鉢

復元された古代の家［河姆渡遺跡］

夢のあと。王墓の一つが地下に眠る［良渚遺跡］

良渚遺跡博物館

良渚文化のマスコット「神獣人面文様」

羅家角の風景

羅家角遺跡の石碑

発掘現場［城頭山遺跡］

城頭山遺跡の神殿または宮殿のあと

眠りから覚めた太古の土塊

同左

草鞋山遺跡

同左

イネの源流をたずねて

野生イネの周辺［桂林］

野生イネ［南寧郊外］

多年生の野生イネ［タイ・バンコク］

野生イネの穂

保存される野生イネ

野生イネ保存田［広西壮族自治区農業科学院］

温室［江蘇省農業科学院］

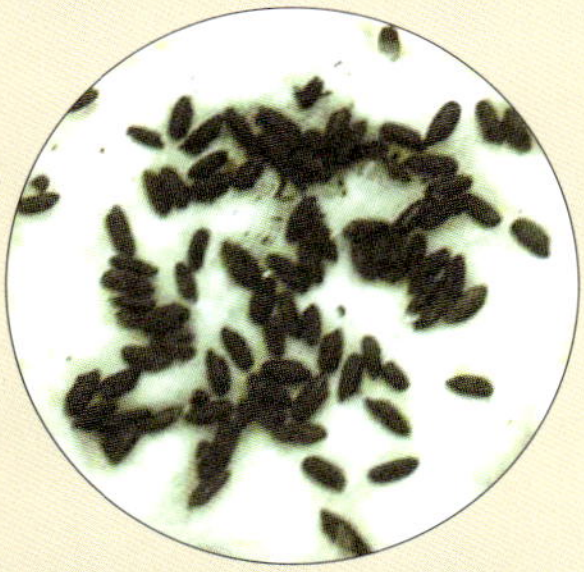

羅家角遺跡出土のイネ種子

河姆渡遺跡出土のイネ種子。7000年前

中国水稲研究所の人工気象装置

中国水稲研究所［浙江省］

稲と稲作の景色

稲作の方法は土地によってさまざまに異なる。日本ではあたりまえの「水田」のスタイルにも多様なバリエーションがみられる。

江南の田植え［南京］

スイギュウによる代かき［ベトナム・ハノイ近郊］

棚田とハニ族［雲南省］

焼畑［ラオス］

水田の除草作業［福井県］

稲刈り［青森県白神山地］

赤米とは、玄米の表面が赤色となるイネの総称で、はい乳の色は無色である。

赤米の田［福岡県］

アジアの米食

東・東南アジアにはさまざまな米食のスタイルがある。粉にして麺やパンにする、もち米で菓子を作る、など多様なスタイルが見られる。コメはまた、他の穀類と違って粒のまま消費されることも多い。だからコメ市場では米粒がそのまま商品になっている。そのほか、すしのような保存食の原料にもコメは使われてきた。

コメの市場にて［雲南省］

お米で作った菓子［長沙］

コメを売る［雲南省］

常食のおこわ［ミャンマー・タウンジー］

街角でちまきを売る。もち米・シイタケ・豚肉・卵を笹の葉に包んで蒸し上げる［福建省泉州］

バインチュン。　もち米・青豆・豚肉をバナナの葉で包み蒸してつくる［ベトナム］

裸祭りの大鏡もち搗き［愛知県］

穂つみされたモチ米［ラオス］

富山おせずし［富山県］

てんこもちを切る［島根県］

日中の代表的な米の酒である紹興酒と清酒を醸す風景を比べてみた。中国のカメと日本のオケが好対照をなしている。なお、清酒の風景は一九三〇年ころのもので、今はもうこうした風景を見ることはない。

テイスティング。一次発酵中のもろみのチェック［紹興］

大甕で約10日間の一次発酵［紹興］

木桶で20〜30日間の発酵［1930年頃まで］

木桶の乾燥、消毒［京都 伏見・1930年頃まで］

ネというひとつの作物だけを栽培するいわゆる単作のやり方はとられない。湿地があれば、そこにはむろんイネも生えていただろうが他の水生の植物や、カイ、カエル、サカナなどの動物たちがいたとしても不思議はない。

東南アジアの山地部で今もおこなわれる焼畑の農耕では、開いた畑に複数の作物を栽培する。いわゆる混作である。私が一九九九年にラオスのひとつの畑で調査したところ、わずか数百平方メートルほどの空間に、イネはじめ十以上もの作物が栽培されていた。* ひとつの田にイネだけを植えるという栽培方式は、おそらく、ずっと後の時代になって発明されたもののように思われる。いずれにしても数千年も前の稲作の風景について、詳しいことはまだよくわかっていないというべきであろう。

陂塘稲田模型にみられる水田の形

東海大学の渡部武氏* によると、中国の四川省からそのやや南側一帯の地域からは、陂塘稲田模型* といわれる焼物でできた一種独特の模型が出土している。その時代は後漢から魏晋時代（今から一七〇〇年ないし二一〇〇年前）のものという。模型は箱庭のようなもので、家とその付近にあった田んぼと思われる構造物などからなっている。時には耕うんのための牛馬がおかれたものもある。それが田であろうと想像されるのは、畦をおもわせる四角い構造物や、イネ株を思わせる小さな突起が田面と思われる部分に規則的につけられていることによる。

イネ・ターメリック・バナナ・キャッサバ・レモングラス・エゴマ・キュウリ・シコクビエ・ヒモゲイトウ・ヒョウタンなどを数えることができた。

渡部武（わたべたけし）1943年東京都生まれ。東海大学文学部教授。主な論著『画像が語る中国の古代』（平凡社）、『中国前近代史研究』（共著、雄山閣）ほか

陂塘稲田模型 →p.122コラム

渡部氏がいわれるようにこれが当時の水田の模型であるとするならば、模型がさかんに作られた後漢から魏晋の時期には、中国にはすでに「水田」と呼んでよい生産の場があったことになる。稲株の規則性やその密度からみて、この「田」はすでにイネ専用の生産の場に進化していたものと考えられる。

しかし「水田」が、稲作発祥の地から遠く離れた四川省など中国の奥地やさらに広東省などの嶺南に発達したのはなぜか。これらの地は地形的には長江などの大河川がつくる沖積平野*ではなく、洪積世*に形作られたなだらかな平原ないしは傾斜を伴う地形に覆われている。当然地下水位は低く、イネつくりには灌漑設備を必要とする。イネは、湿地というその本来の出生地を離れて栽培されるようになっていたのである。

私は、水田とそこで栽培される水稲とが、畑作の文明による修飾を受けた結果生まれたイネと稲作であったという可能性が指摘できるように思う。つまり稲作を水田稲作化しイネを水稲に変えたのが、黄河文明ではなかったかと考える。畦を作るということは、水を蓄えるのに有効なばかりか土地の所有権を明らかにすることを可能にした。渡部氏もまた、「模型が北方の畑作地帯からやってきた入植者がもたらした灌漑栽培の応用方式を示し」たものと考えておられる。今の日本の水田稲作の原型たる「たんぼ」は、黄河文明による稲作の修飾をもって完成したといえるのではないかと考えられる。もともとは黄河流域の畑作地帯に生じた黄河文明が南の長江文明を育んだイネを取り込み、やがては南を滅ぼして大中

沖積平野　流水の堆積作用によって下流部に生じた平野

洪積世　地質時代の一つ。新生代第四紀の前半。約100万年前から2万年前まで。

湖南省の農村風景

河姆渡遺跡そばの水田［浙江省］

沼地の野生イネの群落［ラオス］

山あいの田［広西壮族自治区］

国を打ち立てたという壮大なドラマが展開していたのではなかろうか。

田植えのかたち

水田の稲作では、畦を作って水を張って代かき*した田にもっぱらイネの苗だけを田植えする。48頁に書いた苗代は水田稲作に特徴的なしかけのひとつである。私が中国で見た田植えは植え綱を使って苗をまっすぐに配置する、日本でもよく見かけるスタイルのものであった（119頁）。植え綱の手間に何人もの植え手が適当な間隔をおいて並び、植え終わると一歩後退して次の筋を植える。苗はあらかじめ適量をわらで縛って田の中に配置しておく。こうすることで、苗の補給にいちいち歩き回る必要がなくなる。中国で田植えをそうたくさんみたわけではないので中国の田植えを系統的に論ずることはできないが、119頁の写真にある田植えが日本でもよく見られるものとそっくりなことは確かである。

田植えを伴わない稲作は世界にはたくさんある。熱帯低地によくみられる浮稲*の畑では乾ききった畑に種子をばらまく。種子まきを雨季到来の直前にするので、種子はその水によって発芽して成長する。やがて訪れる洪水はあたりを水浸しにし、水深は時には数メートルに達する。浮稲はこうした環境に順応し、茎を伸ばしながら葉だけを水面に押し上げていく。浮稲とはある意味で対照的な稲作である焼畑でも、種子は直《じか》にまきつけられる。人びとは開墾してできた畑に適当な間隔で棒切れを使って穴を空け、そこに種もみをまきつける。ここでも水は天水を

代かき　水田に水を引き入れ、土を砕き、ならして田植えの準備をすること

浮稲の田［タイ・プランチンブリ県］→p.79

焼畑での種まきのようす［ラオス］

利用する。稲作は、完全に天候まかせなのである。

水田の形を伴いながらも田植えをしない稲作のスタイルが、最近各地でみられるようになってきた。米国カリフォルニアのイネつくりは水を張った田を準備するが、そこでは田植えはおこなわれない。種子は、水を張った田の上に、飛行機を使って直接まきつけられる。タイやベトナムでも、代掻きした田にあらかじめ芽だしした種子をまきつける新しい直《じか》まき法が普及しつつあるといわれる。田植えという手の込んだ作業はしだいに過去のものと化しつつあるのかもしれない。

田植えのおこり

田植えの起源はよくわかっていない。常識的には、田植えは種子から育てた苗を本田に移植するための技術として捉えられるが、案外その起源は水べに生える多年生植物の株分けの技術からきているのかもしれない。実際江南の水郷地帯では今でもマコモ*の株を分けて移植する姿をみることができる。それならば、多年草の性質を強く持った野生イネ、ルフィポゴンが中国でのジャポニカの祖先になったとの考えによく合致する。この考えが正しいとすれば、田植えの起源はイネの栽培化の時点にまでさかのぼることになる。そして、田植えの起源は間違いなく中国にあるということになる。

水田の起源も不詳であるが、その理由のひとつは「水田とはなにか」という根本にかかわる問題がある。そもそも、イネたんぼも、双方が時間とともに進化し

飛行機による水稲直播［米国］

マコモ　イネ科の多年草。→p.120

中国・江南で見た田植え

近代化が進む中国でも、まだ人力による田植えはまれではない。しかしやがては機械化の嵐がこうした光景を失わせてゆくことだろう。

てきたことを考えると、あまり厳密な定義を試みることにおおきな意味はない。それよりむしろ、イネがどういう環境で栽培されてきたか、その歴史を語ることのほうが重要であるように思う。私は、水田とは、もっぱらイネを栽培するために特化された耕地で、しばしば水を蓄えるための畦や灌漑施設をもつもの、と定義したい。そして水稲を、このような水田に適応するイネであると定義しようと思う。こう考えると、水稲とは生物学的には温帯ジャポニカによく合致するように思われる。

田植えは今まで、稲作の発達段階の中で比較的最近に現れた進んだ技術であると考えられてきた。しかし水田というしかけは、多年草というイネの性質になじんだものなのかもしれない。日本大学の池橋宏*さんは、田植えのおこりはタロイモ（サトイモの仲間）などの湿生の多年草の株分け作業に由来するものと考えた。むろんこれは今までの考えには真っ向から反するものでただちに受け入れられそうな気配はないが、私は基本的には池橋さんのアイデアに賛成である。というのは、田植えは主にはジャポニカの稲作に伴う農作業であるが、ジャポニカのイネはもともとが多年生の性格を強く持つ植物であって株分けという技術にもよく適応しているからである。ユーラシアの東部から東南部とくに島嶼部には、タロイモのほかにもヤム（ヤマノイモ）、コンニャクなどの根菜類やバナナなどの多年生草本の栽培植物が多く、この地域がいわば「多年生作物地域*」であることは特記されてよいであろう。中国の南東部ではマコモなどが栽培されるが、これなど

マコモを植える

池橋宏（いけはしひろし）1936年生まれ。日本大学教授。著書『イネに刻まれた人の歴史』（学会出版センター）、『植物の遺伝と育種』（養賢堂）ほか

多年生作物地域　中尾佐助はこのあたりの農耕文化を根菜農耕文化と呼んだ。

泥田で株分けによって増やされる植物であって、田植えとは類似点も多いと思われる。

株分けの方法は本質的にはクローン*による増殖なので、ある世代にあらわれた遺伝的特徴をそのまま固定させることができる。日本にいるとクローンでの繁殖というと花の仲間か作物ではイモ類ばかりを思い浮かべるが、世界にはバナナのようにクローンで増やせかつ実を食べるものもある。

田植えという、イネに固有と思われた栽培技術はイネを多年草と認識していた南島の人々がもっていた伝統的なものなのかもしれない。しかしとはいえ、現代の田植えは種子に由来する苗を移植する技術であって、株分けの技術とは一線を画するものである。陂塘稲田模型にみられる「水田」とは違ったものとみるみかたが必要なのかもしれない。

クローン 単一の細胞に由来する遺伝的に同一の細胞群または個体群。株分けで増える植物たちは基本的にはクローンである。

陂塘稲田模型

陂塘とはため池、稲田は文字通り田を示す。写真①は雲南省大理から出土した模型で、写真を撮影された渡部氏の説明のように円形の土器の陶器製の模型の上半分にはため池が、下半分には田が描かれている。大きさは直径が四〇センチメートル程度である。

本文には陂塘稲田模型だけを紹介したが、これと似たものとして同じく陶製の犂田・耙田模型（②）や耙田模型（③）なども出土しているという。両図はともに渡部氏のスケッチ。図版の使用および解説は渡部氏のご好意による。

模型が表現するところは渡部氏に詳しく説明して頂いたが、これらの遺物の存在は、この当時の中国にはすでに南部の広西省や広東省に至るまで、ウシやスイギュウに農具を引かせて行う代掻きなどの作業があり、かつ灌漑施設を持った水田に展開した水田稲作の技法が広まっていたことを雄弁に物語っている。

陶製陂塘稲田模型
［大理自治州博物館所蔵、2世紀頃］この模型は雲南省大理市大展屯号後漢磚室墓から出土したもので、このタイプの模型は副葬品として、四川・広東・雲南・広西・貴州の省区からのみ出土する。この模型は、上半分が魚・カエル・タウナギ・蓮などが表現された陂塘（溜池）で、下半分がアゼで区切られた水田である。仕切となる堤の中央に水門が設けられてある。当時の稲作の様子を知る上での最良の資料である。（写真・文／渡部武）　①

②

陶製犂田・耙田模型［広東省連県附城郷西晋墓出土、４世紀初］水田耕作における犂と耙（マグワ）の使用は、たぶん北方の畑作技術からの転用であろう。挽畜は黄牛で、水田の四隅には漏斗状の灌排水調整具が設けられている。長さ19cm　幅16.5cm　高さ不明（図・文／渡部武）

③

陶製耙田模型［広西壮族自治区梧州市南朝墓出土、４世紀初］２人の人物が水牛に耙（マグワ）を曳かせて、水田の整地作業を行っている。この模型は発見当時かなり損壊しており、２人の作業をどちらも耙田に復原してしまったが、本来は犂田・耙田作業であったと思われる。ここにも灌排水調整具が見られる。長さ19.5cm　幅15cm　高さ9cm（図・文／渡部武）

代《しろ》をかく［浙江省］

風変わりな苗代［インドネシア・パレンバン］

6 ■ イネ、日本に至る

縄文遺跡から出たプラントオパールの謎

一九九九年四月、日本の四大新聞の朝刊は一斉に一面トップで岡山市朝寝鼻貝塚の約六〇〇〇年前の地層からイネのプラントオパールが見つかったと報じた。六〇〇〇年前といえば縄文時代前期である。それまでにも縄文時代の稲作の跡がいくつかみつかっていた。同じく岡山県新見市の姫笹原遺跡からは四五〇〇年ほど前の縄文土器の胎土（土器を構成する土の内部）からもプラントオパールがみつかっている。

イネはケイ酸植物といわれ、地中のケイ酸を多量に吸収する。吸収されたケイ酸はイネの葉の特殊な細胞にたまり、ケイ酸体と呼ばれる塊を構成する。葉はやがて枯れて地面に落ちて朽ちてしまうが、ケイ酸体だけはその後も長く、姿かたちを大きく変えることなく土中にとどまる。こうした土中に残ったケイ酸体が発掘されたものがプラントオパールと呼ばれている。

日本列島には野生イネはなかった。だから日本列島でのプラントオパールの存在は、その時代その場所での稲作の存在証明となる。日本ではもう三〇年近くも前から、プラントオパールを検出することで水田稲作の存在を証明してきた。

姫笹原遺跡の縄文土器の胎土からのプラントオパールの検出は、こういういきさつからすると、その土器が作られたその時代、その場所に、稲作があったことを強く示唆している。というのも、土器を作る粘土は、その土器を作った人びと

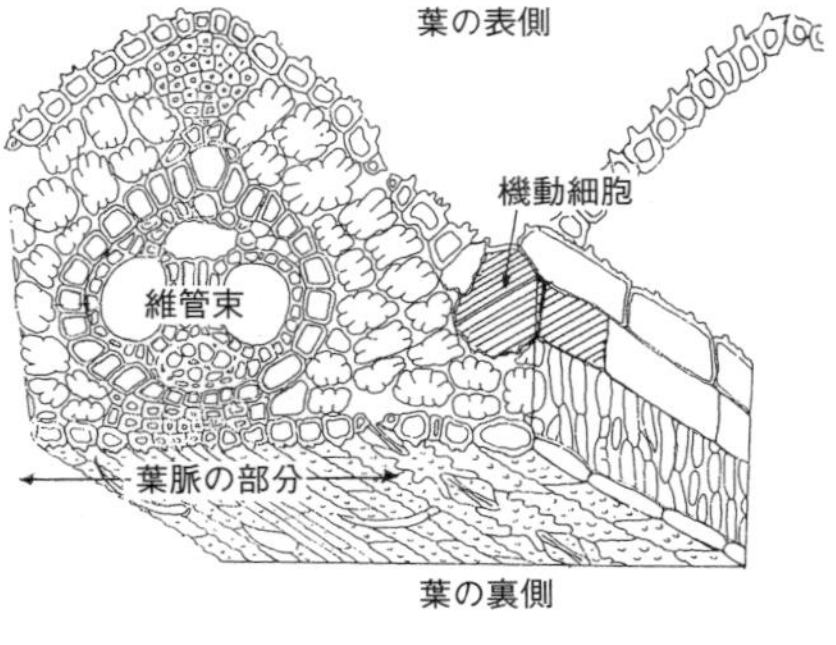

イネの葉の構造（星川「イネの成長」を佐藤が修正）

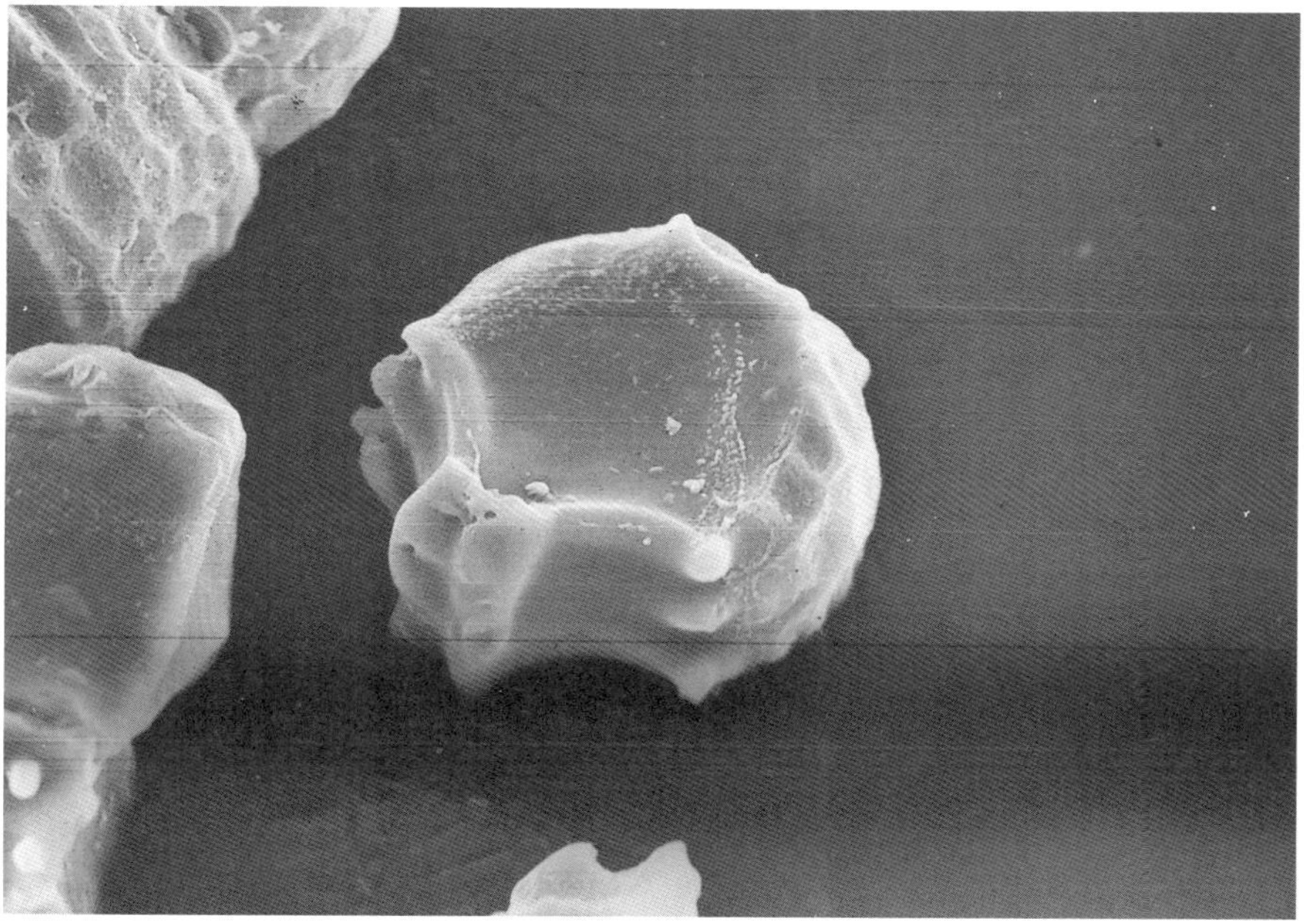

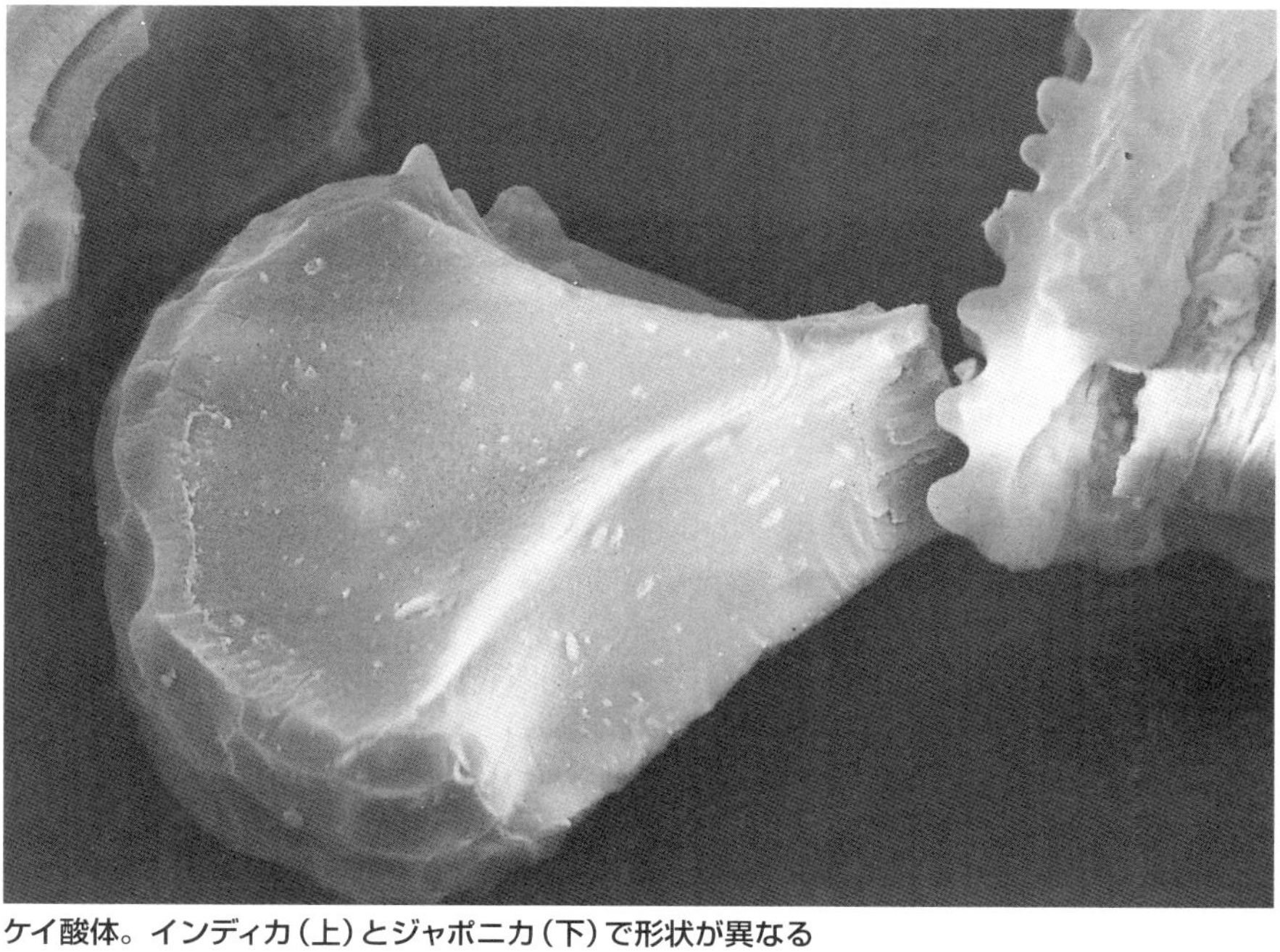

ケイ酸体。インディカ（上）とジャポニカ（下）で形状が異なる

の生活のすぐ近くからとられたと考えられるからである。同じく朝寝花貝塚の場合もその時代そこに稲作があったことを示唆するデータではあるが、問題はそのプラントオパールが真にその時代のものであるかどうかである。なにしろ直径が数十ミクロン*の微粒子のことである。後の時代に、水に運ばれて地中ふかくにまで持ち込まれた可能性がないではない。そんなわけで、朝寝花貝塚のプラントオパールについてはその年代をめぐってまだ議論があるというべきである。

イネはいつ、どこから来たか

ではイネが日本列島に来たのは、確実な線でいうといつのことといえるか。おそらく、大多数の研究者が首を立てに振る線は縄文時代中期（四五〇〇年ほど前）なのであろうと思われる。皇學館大学の外山秀一*さんは日本列島各地の縄文時代の遺跡から出土したプラントオパールを初めとするイネの遺物が出た遺跡をピックアップしている。外山さんによると、縄文時代の後期中ごろまで（いまから約三〇〇〇年前まで）の日本列島では、その西半分、つまり関が原から西ではイネが作られていたことが如実にみてとれる。

しかし縄文時代の遺跡からは水田はでてきていない。厳密な言い方をすると、縄文時代晩期の後半以前には、日本列島には水田稲作はなかったらしい。では時代のイネをどう考えるのがよいのか。私は、縄文時代の稲作が、いまのような水田ではなく焼畑のようなところで行なわれていたと考えている。今でも全世界的

ミクロン　1000分の1ミリメートル

外山秀一（とやましゅういち）1954年生まれ。皇學館大学教授。専門は環境考古地理学。論著『縄文農耕を捉えなおす』（勉誠出版）ほか

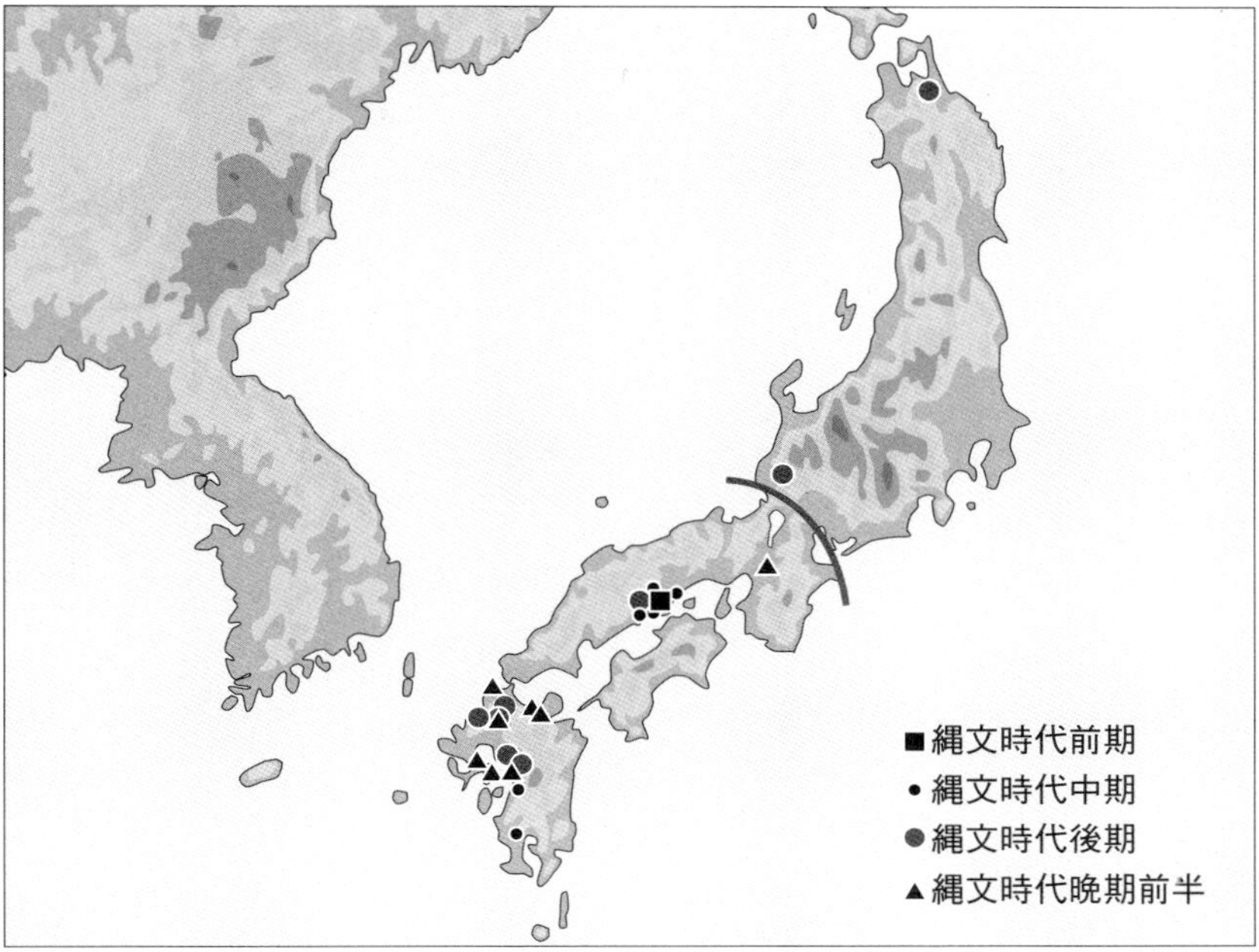

日本列島でイネの遺物が出た縄文遺跡 [外山のデータによる]

発掘された水田　曲金北《まがりかねきた》遺跡 [古墳時代　静岡市]

に見れば、日本列島のような水田稲作を営んでいる地域は稲作地域のなかのごくわずかに過ぎない。イネは水田で作られるものという常識が通用するは、いまの日本列島と朝鮮半島、それに中国の北半分くらいのものに過ぎない。縄文時代のこの時期に水田がなかったことは、水田稲作がなかったことの証拠ではあっても稲作がなかったことの証拠にはならない。

焼畑というと、多くの日本人は山の斜面に開かれた畑を想像するだろう。*だが、焼畑がすべて斜面に開かれるとは限らない。焼畑が斜面に開かれるのは斜面しか残されていないからであって、土地が十分にあれば平らなところが焼畑に開かれてもかまわない。焼畑のエッセンスは、また、「焼く」という行為にあるのではない。焼くという行為は土地を開く手段の一つなのであって、さらにひとつ重要なのが「休耕する」という行為である。休耕*によって、もとの耕地では遷移が進んで森が回復する。回復した森は再び伐られ、耕地として息を吹き返す。

焼畑のイネはどこから来たのか。これについてはまだ研究者の間で意見が分かれている。私はかつて、現在の日本列島や南西諸島に細々と残る在来品種*がもつ遺伝子を調べたことがある。*Hwc-2*という、ペルー産のある品種との雑種を死に至らしめるという変わった遺伝子の場合、その頻度はフィリピンやインドネシアでは三割を超えるほど高率であるのに対し、南西諸島では十数パーセント、そして日本本土では数パーセントと減少した。*Hwc-2*と同じような分布スタイルを示す遺伝子はほかにもみられた。これらの遺伝子の「流れ」を見ていると、遠い過

今の日本には焼畑はもうほとんど見られない。山形県の庄内地方南部にかろうじて残っている程度である。

休耕　イネなどの耕作を何年かの間休むこと

在来品種　国などによる組織的な品種改良を経ずに昔から成立していたその土地固有の品種。さまざまな遺伝子をもっていると考えられている。

休耕された土地。ラオス・ルアンパパン上空で。白っぽく見える土地が耕地

焼畑の稲刈り［ラオス］

焼畑の稲刈り［ラオス］

日本の焼畑

日本最後の焼畑［鶴岡市］

去に、この遺伝子を持った品種が南島伝いに日本にきたという仮説がでてくる。柳田國男*の「海上の道」再来である。

他にもある南方の要素

熱帯ジャポニカのイネのほかにも、南方起源を思わせるものがいくつもある。古代には高貴な色とされた紫色を染める貝*は、南方由来の貝であったという。今も太平洋側の各地に残る鰹節の製法は、黒潮にのってはるかフィリピンあたりから日本列島にきた可能性が指摘されている。

太平洋側の各地には、ナギ*という風変わりな樹木が分布する。ナギはマキ科の針葉樹ながら、広葉樹のような幅広の葉身をもつ樹木で、その葉や材にナギラクトンと呼ばれる殺菌・除草効果を持つ物質を多量に含んでいる。

ナギの木は、高知県の太平洋岸から本州南端・和歌山県の潮岬、静岡県の沼津一帯と、おもに太平洋岸に分布が認められる。内陸では、変わったところでは瀬戸内海の大崎上島にもナギはあるし、また、奈良市の春日大社の原生林には自然植生が認められる。春日大社のナギ林はナギだけがはえるいわゆる純林になっている。

このナギの木だが、実は中国南部、雲南省にもその植生が認められる。私がみた範囲では、雲南省の南西端にある西双版納自治区の南西方にある省亜熱帯植物研究所の構内に、二本のりっぱなナギの木が生えていた。雲南のナギと日本のナギとが同じ種に属するものか否かの検討はこれからだが、その可能性は高い。

柳田國男（やなぎだくにお）［1875−1962］民俗学者。兵庫県生まれ。1961年に出版された『海上の道』では、ヤシの実の漂着・宝貝の分布・ネズミの移住などの個々の事実を手掛りに、日本民族は稲作技術を携えて遥か南方から「海上の道」を北上し、沖縄の島づたいに渡来したとの仮説をたてた。その他の著書に『遠野物語』『桃太郎の誕生』など。

紫色を染める貝　吉野ヶ里遺跡のかめ棺から出土した絹片は、貝輪（南方産のゴホオラ貝）などに付着しており、高度な織りの技法を用いていた。

ナギ　ナギは成長が遅く、巨樹となるものはほとんど知られていないが、135頁の写真の木は胸高直径が1ｍを超えている。

*Hwc-2*遺伝子の分布図

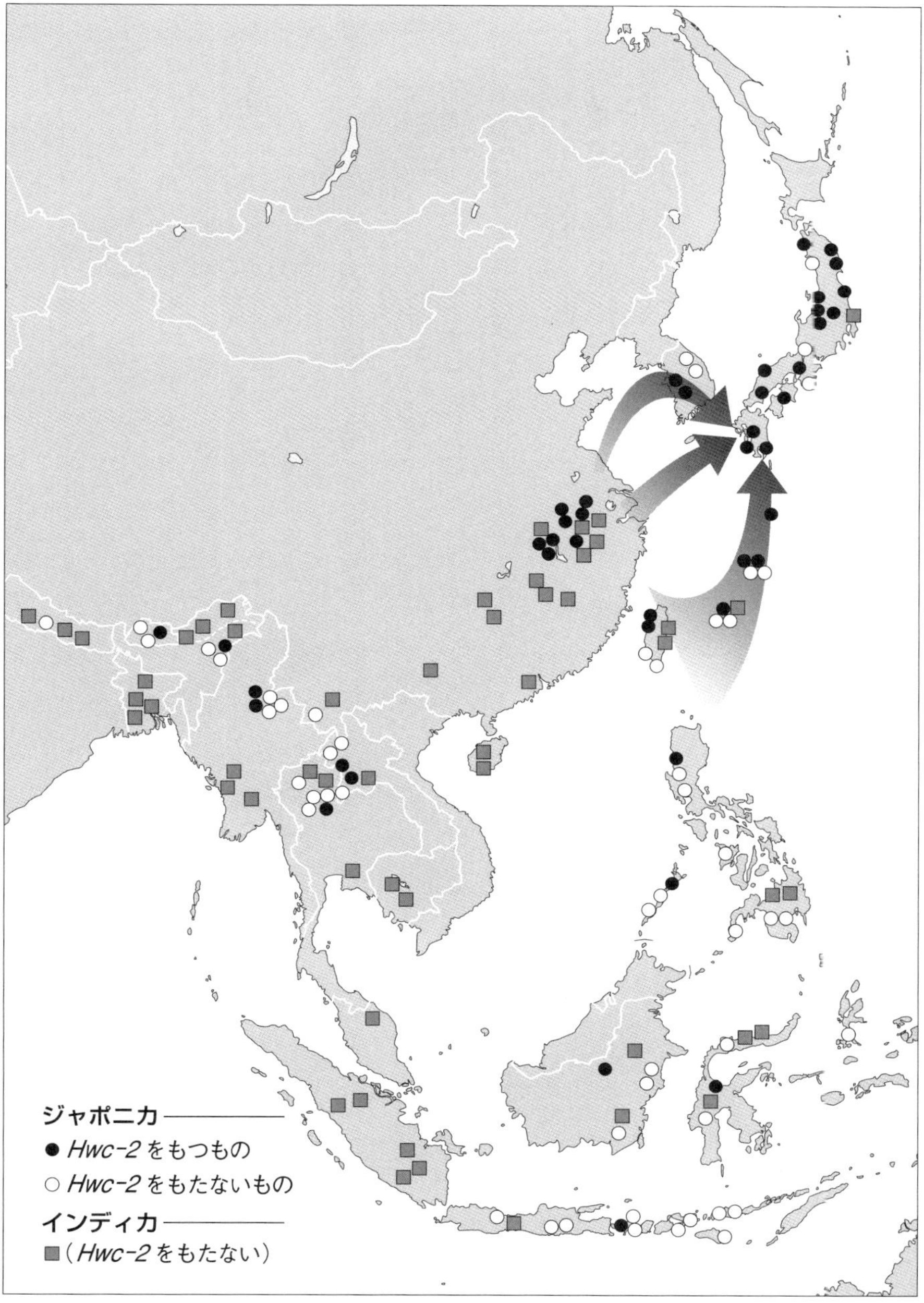

ナギと似た分布をするのが、同じ樹木の仲間のクスノキ*である。クスノキは日本列島では関東以南の沿岸地域に認められる樹種であるが、とくにその巨樹はおもに太平洋側の海岸沿いの地域に認められる。クスノキは古くから船材として使われてきた樹種で南方からの渡来が取りざたされる植物であるが、実際それは、浙江省から台湾、広西省から雲南省、さらにはベトナムにかけて分布する樹種である。

水稲はいつどのように伝わったか

さて、縄文時代に南方から伝わったイネは熱帯ジャポニカのイネであったと思われるが、今日本で栽培されているイネはそのほとんどが水稲、つまり温帯ジャポニカのイネである。彼らがいつどこで生まれたかははっきりしないが、私はそれは春秋戦国時代の大混乱期を境にその勢力を急速に伸ばしたのではないかと思っている。

水稲は、従来朝鮮半島を経由して、あるいは中国から直接日本列島に渡ってきたと考えられてきた。ただし多くの研究者、とくに考古学者たちは水稲は朝鮮半島を経由して日本列島に渡ったと考えてきた。石毛直道*氏は日本や朝鮮半島の遺跡からでた石包丁*のかたちをもとに、イネは朝鮮半島を経由してきたと考えた。石包丁が収穫のための道具であるとのたちばにたっての論考であり、これは今も多くの研究者に支持される説となっている。一方考古学の分野でも樋口隆康*氏な

クスノキ　学名は*Cinnamomum camphora*。日本最大の巨樹は鹿児島県蒲生町にあり、胸高での幹周りは23.8mに達する。

石毛直道（いしげなおみち）　1937年千葉県生まれ。文化人類学者。1997年国立民族学博物館館長、2003年退官。主著『リビア砂漠探検記』『食卓の文化誌』『食いしん坊の民族学』ほか

石包丁　石材を磨くなどして穂つみ用などに加工した道具

樋口隆康（ひぐちたかやす）　1919年福岡県生まれ。考古学者。奈良県橿原考古学研究所所長。著書に、『アフガニスタン—遺跡と秘宝〜文明の十字路の五千年』(日本放送出版協会)、『シルクロードを掘る』（大阪書籍）ほか

南寧のクス

クスノキ。葉に走る３本の葉脈が特徴

ナギの大木［静岡県沼津市］

どはイネは中国から直接来たとの説をとられるし、また民族学者佐々木高明*氏は鵜飼いの習慣のように日本と中国にはあって朝鮮半島にはない文化要素の存在を例に挙げ、朝鮮半島を経由せずに大陸から海を渡って直接渡来したものがあったと主張した。私も、水稲の一部が朝鮮半島を経由して来た可能性を排除しないが、一方で大陸から直接渡来したものもあったと考えたい。

水稲の運びやたちは誰であったか。いままでは何となく、水稲は大陸や朝鮮半島から渡ってきた多量の移民によって運ばれてきたと考えられてきた。弥生時代に入るととくに西日本では考古遺跡などから水田のあとが多量にみつかり、この時期に水田稲作が一気に広まったとされる。この水田稲作の爆発的流行をささえたものは何であったか。人類学者の埴原和郎*さんは「日本人二重構造説」という説を発表し現代日本人が、はやくから列島にいたいわゆる縄文人と弥生時代ころに大陸から渡来した渡来人との混血によってできたと考えた。多量の水稲は、多量の渡来人にはこばれたと、多くの人びとが考えるようになった。

水稲は大挙しては来なかった

ところが予期に反して、水稲はこの時代、そんなに大挙してこなかったのではないかと思われるデータもある。詳しくは『稲の日本史』(角川書店)に詳しく書いたのでここでは繰り返さないが、要点だけをまとめておこう。

まず、「弥生時代に入ると水田の遺構が急に増加する」という事実の解釈をめ

佐々木高明(ささきこうめい)
1929年大阪府生まれ。民族学者・地理学者。国立民族学博物館博物館名誉教授。著書に『稲作以前』(日本放送出版協会)、『東・南アジア農耕論―焼畑と稲作』(弘文堂)ほか

埴原和郎(はにはらかずお)
1927年生まれ。人類学者。東京大学・国際日本文化研究センター名誉教授。著書に『新しい人類進化学―ヒトの過去・現在・未来をさぐる』(講談社)『人類進化学入門』(中央公論社)ほか

RM1 8タイプの分布

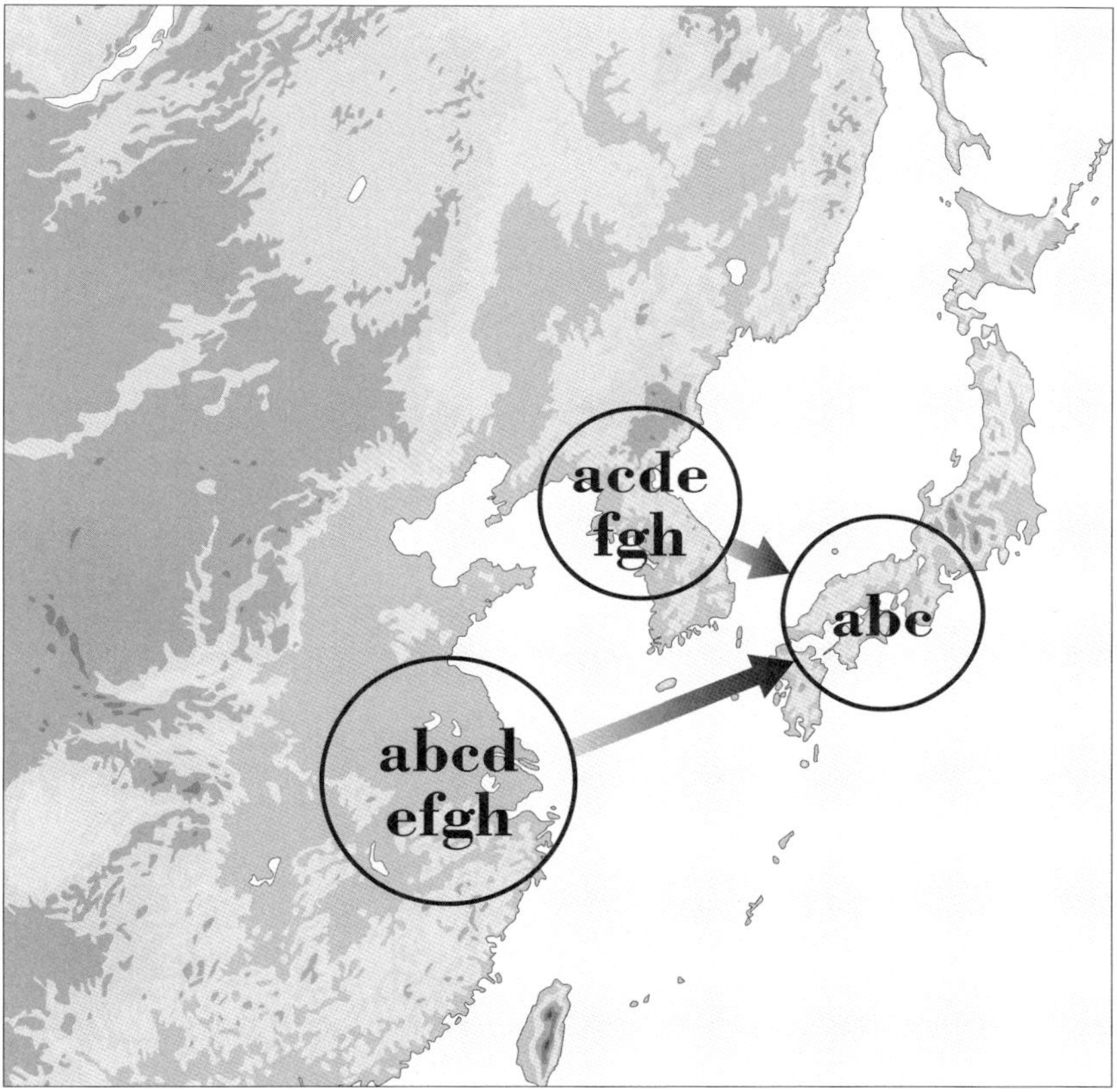

RM1とはDNAのある領域（部分）の名称で、品種によってさまざまなタイプがある“可変領域”として知られている。水稲にも8つのタイプ（小文字aからhで表わす）がある。なお、野生イネには何十というタイプがあるので、イネがその栽培化の過程で、ごく一部の野生イネから進化してきたことがわかる。

古代の水田の模式図

ある空間に、ある期間中に開かれた古代の水田（模式図）。１つのヒトの集団がこの空間内を移動しながら稲作を続けたと仮定する（色が濃いほど休耕後の時間が長いことを意味する）。ある瞬間だけを取りあげてみれば稲作は１ヵ所でしか行なわれていないが、この空間を発掘してみると、あたかも同時期にいくつもの箇所で稲作が行なわれていたように見える。

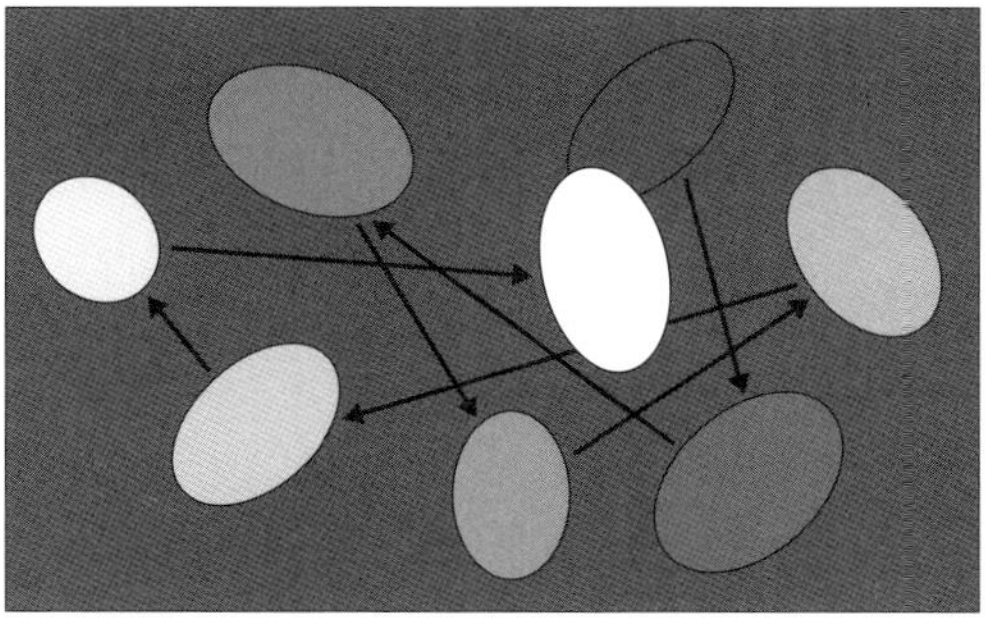

ぐってである。この事実は今まで「弥生時代に入ると急速に水田稲作がひろまった」からであると考えられてきた。たしかに西日本では発掘される水田の遺構はこの時期に急速に増えてはいるが、このことは一時期に水田として使用されていた土地の面積の拡大を意味するとは限らない。小数の集落が耕作と休耕を繰り返したと考えても「弥生時代に入ると急に水田の遺構が増加する」という事実は矛盾なく説明ができるものと思われる。

第二に、日本列島に渡来した水稲のDNAのタイプの分析から、渡来してきたイネの量が極めて少なかったと考えられることである。中国や朝鮮半島の水稲には、このDNAのタイプは七、八タイプが知られるのに対して、日本にはごく少数の例外を除くと二タイプしかない。こうしたタイプの数の減少は運ばれた集団がもとの集団にくらべてずっと小さかったときに起きることが知られている（ビン首効果*と呼ばれる）。

また、あとにも書くように、弥生時代以後の日本列島のイネの中にはまだ相当量の熱帯ジャポニカが残されていたようであり、弥生時代以後の日本列島のイネが水稲（温帯ジャポニカ）一色に塗り固められたわけではない。

これらの事実は、弥生時代に入ってからの日本列島に渡来した水稲がこれまで考えられてきた以上に少なかったことを暗示している。中国の水稲のごく一部に端を発したイネはその後日本列島で独自に増え、現代日本の水稲品種のもとを形作った。ヒトもイネも、大挙して日本列島に渡ってはこなかったのである。

ビン首効果 原語は bottle-neck effect。直訳であり、私は個人的には「ボトルネック効果」という語を使っている。

太古の昔から、ヒトやその産物は山を越え海を渡って新しい土地に伝わっていた。ヒトの産物の中で、道具や芸術作品などの産物は増殖もせず、権力者たちに「死蔵」されいずれは風化し形を失う運命をたどることになる。また渡来後も、模造品が世にでることはあってももともとの姿を変えることはない。いっぽう栽培植物、家畜やその品種などのような生物資源はどんどん自己増殖してゆく。その結果渡来の前と後とでその姿をがらっと変えてしまうことさえまれではない。ここにヒトによって運ばれた動植物がもつおもしろみがあるように思う。彼らは一種の献上品として運ばれながら新天地ではあたかも旧来の住民であるかのようにふるまい、後世のヒトの目をあざむくのである。

徐福伝説とイネ

中国を統一する一大国家をはじめて築き上げた始皇帝*（前二五九〜前二一〇）が次に考えたことは自らを不老不死の存在にすることであった。彼はこの野望を果たすため、家臣に命じて不老不死の妙薬探しの旅をさせる。こうして命を受けた徐福*は、三〇〇〇人ほどの家来を従えて始皇帝のもとを辞した。今から約二二〇〇年前のことである。徐福が実在したかどうかはもちろんわからない。だが不思議なことに、これに呼応する形で日本の各地に、徐福が来たという説話が残っている場所がある。いわゆる徐福伝説がそれである。もし徐福伝説が事実に基づくものであるとするなら、中国から日本列島へのヒトの移動のひとつの姿が伝説

秦・始皇帝　戦国末期、諸国を滅ぼして天下を統一、前221年、自ら歴史上はじめての皇帝として始皇と称し、従来の「封建制」に代わって「郡県制」を敷いて、度量衡・貨幣・文字の統一を図った。また、万里の長城を増築し阿房宮などの豪勢な宮殿を築いた。

徐福　→p.146コラム

の中に生き続けていたことになる。

私は歴史学者ではないので、徐福が実在の人物であるかいなかを研究することはできない。だから徐福伝説が真とも偽とも言える立場にはない。しかし、大陸から、わずか数千人規模の移民が漂着しその地にいつくようになったというできごとは案外あたりまえのように起きていたのではないかと思われる。

反対に、当時の日本列島にすむ人びとが大陸や朝鮮半島に出かけ、そこでみた水稲やその栽培の文化を持ち帰った可能性もあると思われる。縄文の時代に生きた人びとは移動に長けた人びとであったといわれる。日本列島の縄文時代の遺跡からは、大陸で作られたことが明らかなものがいくつもみつかっている。* それらの少なくとも一部が当時日本列島に暮らした人びとによって運びこまれたと考えて不自然ではない。彼らが、縄文時代の晩期に大陸との間を往き来し、水稲の種子や水田稲作の技術を持ち帰った可能性は十分にある。動機の面からいってむしろそう考えるほうが説得力はありはしないか。ごく日常的な存在を運び出すよりは目新しい何かを持ち帰ろうという動機のほうがずっと明確で目的にかなうと思われるからである。

＊たとえば、切り欠けのある耳飾りなどがあげられる

小さな集団での移動

いつの世でも、ヒトやその栽培植物は大きな集団で移動するとは限らなかった。ヒトは多くの場合、大集団で移動したと考えられてきた。今でいう「護送船団方

式」である。そして常識的には、大集団でないと、ヒトはなかなか長距離移動を果たせないようにも考えられる。ところが実際には、ごく小さな集団で移動を果たしたヒトの集団がたくさん知られている。例えば新しいところでは、北米大陸にわたった西洋人の集団がそうである。彼らは船で大西洋をわたり「新大陸」に定住したが、メイフラワー号による最初の移動*からわずか三〇〇年たらずのあいだに億を超える数に増加した。その間どれほどの人々が移動したのか、詳しいことは私にはわからないが、白人人口の爆発的増加の最大の理由が新世界での人口増加によることは確かである。

ヒトの集団が小さかったのならば、運ばれてきた栽培植物の集団も小さかったと考えるのが自然である。ヒトが海を越えて運んだものは植物の種子に限らず、鏡や剣のような権力維持にかかわるもの、鍬や鎌などの農具、器など多岐におよぶ。時代が下ってからは書籍、医薬品、嗜好品などがこれに加わった。さらに近代にはいるとこれに電化製品を含めたさまざまな道具が持ち運ばれるようになった。

だが先述のように、これらあまたのモノの中で動植物だけは新天地の環境に適応しそこで増殖してその数を大幅に増やすこともある。*とくに植物の種子の場合は小さく保存も効くので遠くまでかんたんに運ぶことができる。だから、例えばコーヒーのように、原産地から遠く離れたブラジルで短期間に爆発的な広まりをみせた結果渡来の事実がみえなくなってしまった。中国から、あるいは朝鮮半島を経由してやってきた水稲の場合も、事情は同じであろうと思う。

1620年、イギリス国教会のもとで宗教的な迫害を受けた清教徒たちを含む102人を乗せたメイフラワー号は、イギリスのプリマスを出航し新天地アメリカ・マサチューセッツに到着。

それとともに、目には見えない微生物が運ばれてくることも多い。病原菌の移動が人類史を大きく塗り替えた幾多の例はジャレド・ダイアモンド著『銃・病原菌・鉄――一万三〇〇〇年にわたる人類史の謎』（草思社）にくわしい。

弥生時代のイネ品種

さてこのようにして日本に伝わったばかりのイネ、とくに水田のイネはどのようなイネであったか。この時代日本にはまだ書かれた歴史は存在しない。したがって当時のイネの姿を知る唯一の方法は発掘によって得られた資料の分析だけである。

遺跡から出土したイネの多くは、真っ黒に変色した米粒、出土イネ種子（いわゆる炭化米*）である。炭化という名前は、これらが燃えてしまっているとの印象を与えるが、すべての出土種子が火を受けているわけではない。出土したイネ種子は、いままではその大きさや形が記録されたに過ぎないが、最近ではＤＮＡがとれるようになりえられる情報量が格段に向上した。その結果、従来知られていなかった新しい事実がつぎつぎとあかるみにでてくるようになった。

まず、この時代の日本列島の田んぼには、相当量の熱帯ジャポニカがあったことを書いておかなければならない。それも日本列島の北から南まで、地域によらず、時代を問わず、一割から四割ほどの割合で熱帯ジャポニカが混ざっているのである。熱帯ジャポニカは、水田に適応する温帯ジャポニカとは異なり、焼畑のように粗放な栽培環境に適応する。だから、熱帯ジャポニカが存在したということは当時の稲作が現代の水田などとは程遠く、休耕を伴う今よりずっと粗放なものであったことがうかがい知れる。諸般の事情から、私は当時の稲作が休耕田だ

炭化米　遺跡から出土したイネ種子。多くが真っ黒に変色しているためこう呼ばれた。燃えたわけではないのに黒くなる理由は不明。誤解を避けるために最近ではこの語は使わないことが多い。

多様性の高い田んぼ。いろいろな品種が栽培されている［宇根豊氏の実験田で］

らけで、かつ一筆の田の中にもイネやそれ以外の植物、さらにはカエル、タニシといった動物たちが混在する多様な環境ができあがっていたのであろうと想像できる。

一筆の田に栽培されるイネもまた多様であったろうと考えられる。現在の日本では一筆の田に栽培されるイネは一品種限りであり、その品種も「コシヒカリ」、「ササニシキ」といった高度に純化された品種である。ところが、弥生時代から古墳時代ころの遺跡から出土するイネ種子の大きさを測ってみると、一つの家屋あるいは一つの容器の中から出土したイネであっても大きくばらついていることがしばしばある。そのばらつきの大きさは、一つの品種をさまざまな環境で栽培した場合に生じるばらつきよりはるかに大きく、したがって今でいう品種の概念をあてはめれば、多数の品種が混ざった状態にあったことがわかる。

おそらく当時の品種は、熱帯ジャポニカと温帯ジャポニカが入り混ざった、種子の大きさもてんでばらばらの雑駁な集団であったのだろうと想像される。

今の稲作の常識から言えばこうしたばらつきは作業の能率を悪くし生産性は著しくそこなわれる。だが、肥料がなかった当時、休耕も伴わずに生産を維持することは不可能に近かった。また農薬のなかった当時、集団の多様性をはかること以外、おおがかりな病害虫の発生を食い止める方法はなかったはずである。その意味では、休耕田だらけ、雑駁な田での稲作は、むしろ積極的な意味を持っていたのであろうと思われる。

斉一な水田［山口市］

熟期の異なるイネを植える。これも多様性のかたちの一つである［ベトナム］

焼畑の作物。いろいろなものが混在している［ラオス］

遼寧省のアワの畑。穂の色や形がまちまちである

渡来人がもたらしたとされる五穀

「斉人徐市ら上書し、海中に三神山ありと言う。名を蓬莱・方丈・瀛州といい、仙人ここに居す。身を清めて童男女と共にこれを求めんことを請う。そこで徐市と童男女数千人を海に出し、仙人を求めさせた」（『史記』「秦始皇本紀」）

徐市とは徐福のことで、秦の始皇帝の命を受け長生不老の仙薬を求めて東海をめざしたと司馬遷の『史記』に書かれている。

さらに、海神からの申し出を満たせば長生不老の仙薬が手に入ると徐福から聞いて「始皇大いに喜びて、童男女三千人、これに五穀の種と百工を加えて派遣した。徐福は平原広沢を得て、王として止まり来たらず」

つまり、徐福は平原と水田に適した広い沢を手に入れ、そこに王として止まり、始皇帝のもとに戻ってこなかったのである。

徐福がめざした東海が日本なのか、日本にたどり着いたのかは定かではない。しかし日本各地二十数箇所に徐福伝承地があることも事実である。しかも伝承に共通するのが、農業・医薬・織物を教え広めたとされること、その後神として祀られ今なお顕彰されていることである。

始皇帝が与えた五穀とは、秦をさかのぼる春秋時代には、禾《あわ》・黍《きび》・麦・稲・菽《まめ》とされていた。

春秋時代から戦国時代にかけて中国では製鉄技術が盛んになり、鉄製農具の使用により農業生産が飛躍的に伸びた。

戦国時代は中国の産業革命の時代とも言われる。農業だけではなく商工業も大いに発展し、人口も爆発的に増えた時代でもある。秦の時代には中国の人口は二〇〇〇万人に達していたと言われる。

徐福が日本に渡ったかは別にして、今から二千五、六百年前の春秋戦国時代にはすでに造船技術や航海術も発達し、「臥薪嘗胆」の故事で有名な呉や越など江南からも、数多くの渡来人が日本をめざしたであろう。

かれらが新しい天地で生活するに欠かせない五穀の種と、当時の最新の農業や工業技術を身につけた百工（技術者）を携えて渡ったことは容易に想像ができる。

徐福伝承地

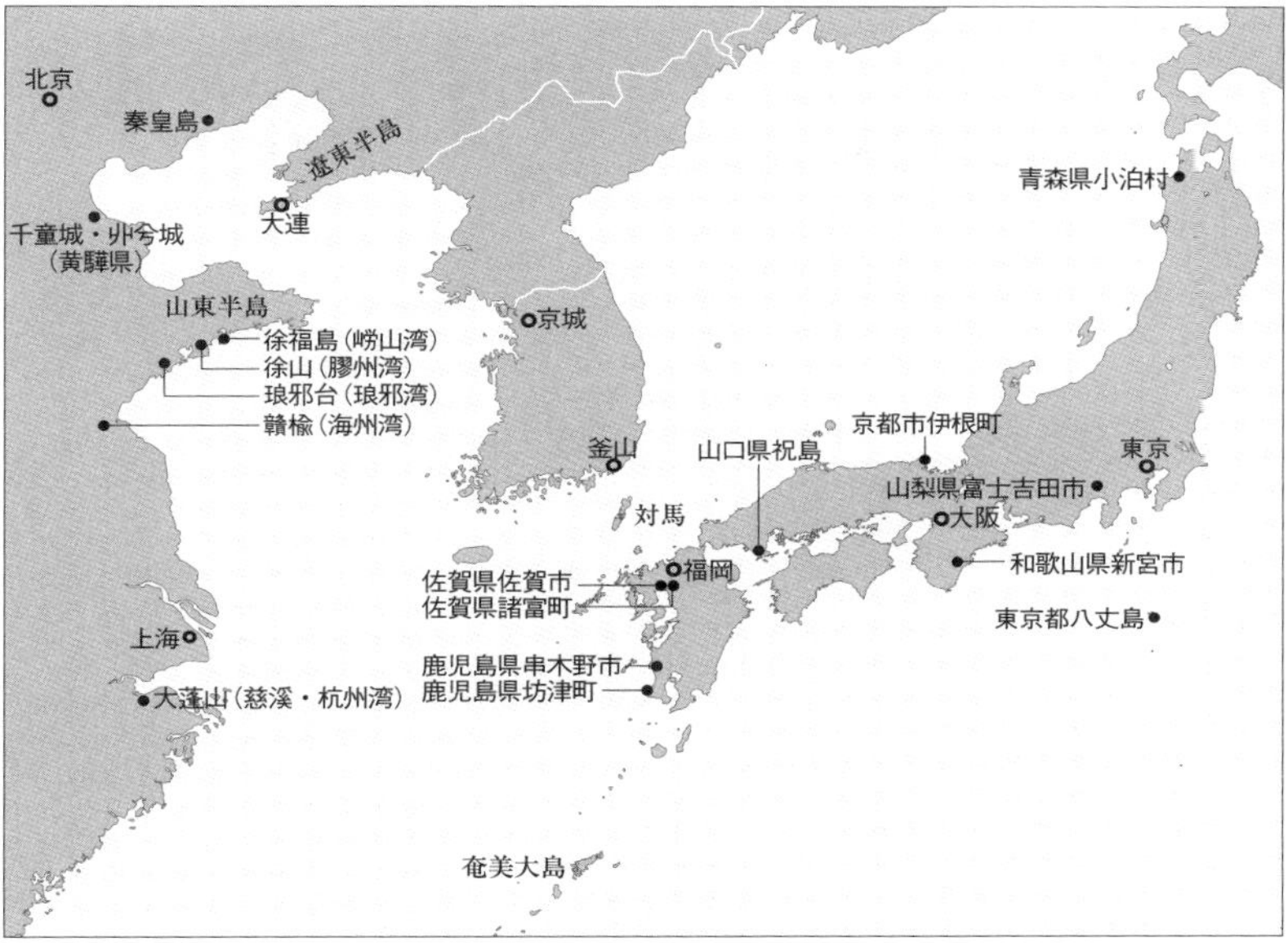

山東省龍口市

徐福村［連雲港市贛楡県］

お田植の神事　日本列島に渡来したイネと稲作は朝鮮半島の文化を受け入れながら独自の発展を遂げた。お田植祭の神事はいたるところに残っているが、田植えそのものの行事を残すところはそう多くない。山口県下関市の住吉神社でのお田植祭。

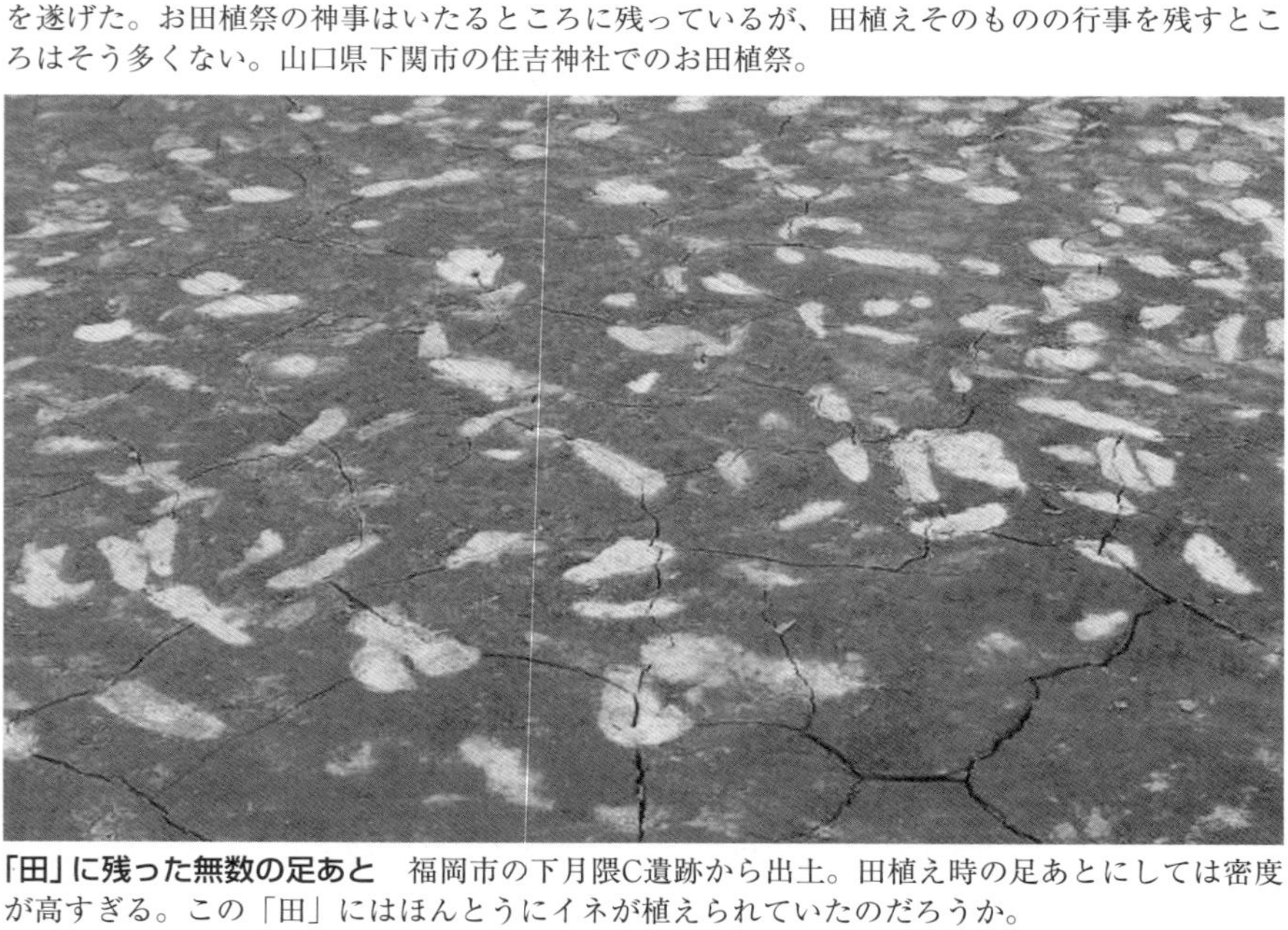

「田」に残った無数の足あと　福岡市の下月隈C遺跡から出土。田植え時の足あとにしては密度が高すぎる。この「田」にはほんとうにイネが植えられていたのだろうか。

7 ■ 占城稲のゆくえ

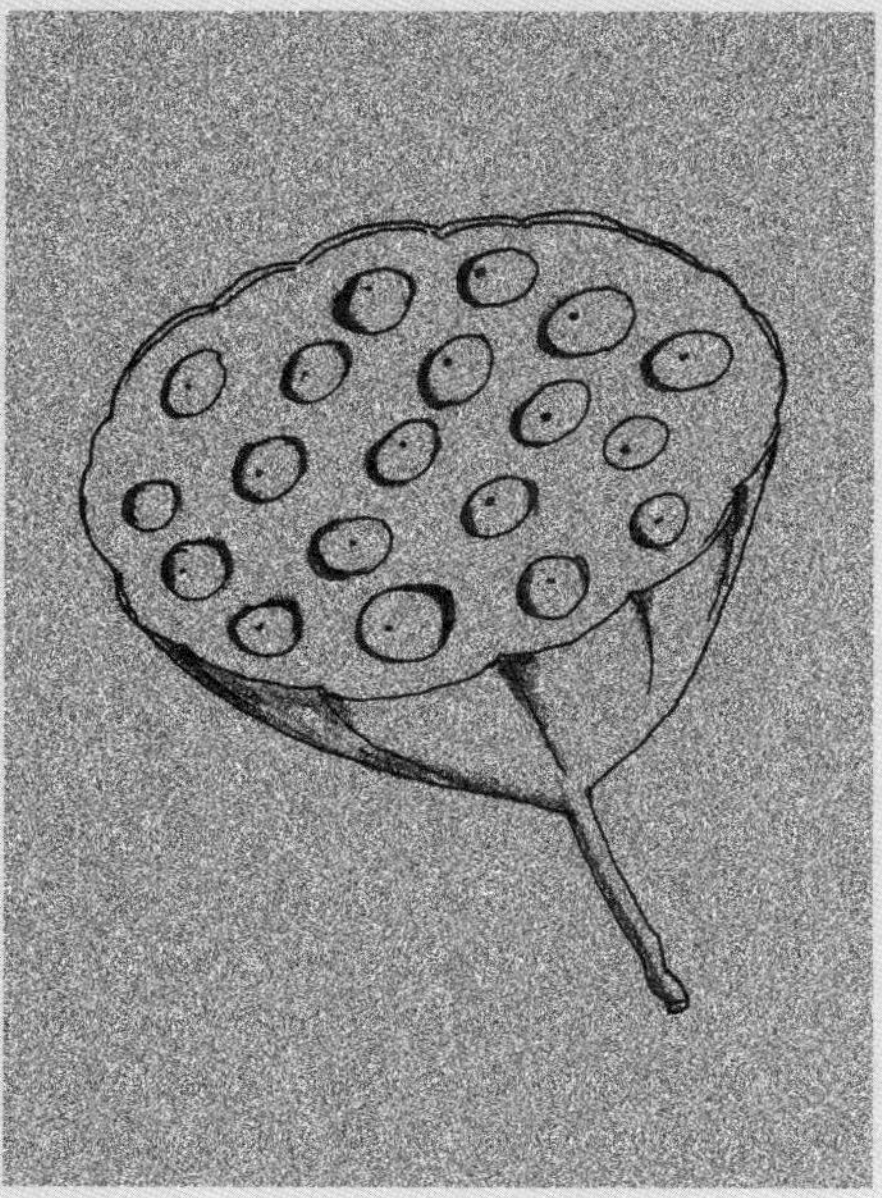

日本にもきた占城稲

中国のインディカの少なくとも一部が、南宋の時代にベトナムから輸入された占城稲と呼ばれる一群の品種であったことはすでに書いた。それだけなら、占城稲の物語は中国だけの話として完結し本書にも登場することはなかったであろうが、実は占城稲はその後日本列島にも持ち込まれたらしい。占城稲はベンガルのイネかも知れないと書いたが、そうであるならそれはベンガルから日本まで旅をしたイネということになる。

占城稲の末裔と思われるイネは、日本では大唐米*と呼ばれることが多かったが、それは中国にわたった僧侶らによって持ち込まれたせいか、時には唐法師（とうほうし）とか法師子（ほうしこ）などとも呼ばれていた。また、それらがなまってできたとうぼうし、からほうし、とうぼしなどという名前もできていた。諸般の事情から、大唐米は占城稲であった可能性が高い。もっとも、占城稲が中国にわたったのが十一世紀世紀初頭、一方大唐米が日本の文献に現れるのが中世末とおおよそ三〇〇年から四〇〇年のひらきがあることから、占城稲と大唐米との関係を疑う意見がないわけではない。

大唐米を含めたこれら一群のイネは、その後数奇な運命をたどり現代にまでかろうじて命の火をともし続けたが、おそらく今現在これを栽培する農家はほとんど皆無に近い。唐法師とはどんなイネだったか。それは日本の中でどんな位置を

大唐米。「トウボシ」の名で残っていた

占め、どんな運命をたどったのか。しばらくその歴史をみてみることにしよう。

　帰国僧たちがイネを持ち帰ったことは単なる偶然ではなかったようである。彼らは政府の命を受け、中国からさまざまな物産を持ち帰る仕事をしていた。持ち帰りを命じられた物産の中にはイネというのがあったようで、想像するに、当時新たに開発した新田などに適応できるイネの品種が必要だったのではあるまいか。実際大唐米は低湿田で水はけが悪くおよそ集約的な稲作には向かないようなところや、あるいは反対に旱魃がきつくなるような環境にも適し、また、病気にもかかりにくかったといわれる。これについて『日本赤米考』を表した嵐嘉一氏*によると、こうした大唐米の特性は、当時から必ずしも稲作に適さない土地に住む人々に支持されていたという。いずれにせよ、中世には相当量の唐法師が日本各地に導入され、その後植え続けられたもののようである。

　大唐米の栽培は近世末に入っても続いた。もっとも藩によってはその栽培を限定したり中には禁止するところもあったようである。その理由は大唐米が赤米でうまくなかったためと思われる。つまり大唐米の栽培があまりに広まりすぎると、今度はそれが年貢米に入ってくる。それを嫌った武士階級は、大唐米のあまりの広まりをくいとめようとしてその栽培を禁止するにいたった、というわけである。

　それでも大唐米はおもに農民によって支えられ栽培され続けた。時に栽培を禁じられた農民たちは、「大唐さし」という新しい技を開発して抵抗した。大唐さしとは、田の一番外側、つまり田のぐるりに大唐米を植えつけるというものであ

『四季農耕絵巻』に出てくる大唐米の脱穀風景（大分県立宇佐風土記の丘歴史民俗資料館蔵）

嵐嘉一（あらしかいち）［1906−1986］著書に『犂耕の発達史―近代農法の端緒』、『近世稲作技術史』（共に農山漁村文化協会）、『日本赤米考』（雄山閣出版）ほか

る。ここは田ではないので、そこに「年貢米」ではない大唐米を植えることは違反ではない。むしろそれは年貢としては不適格な変わった米である。だからこれはすべてが農民のものとなる。こうして大唐米の栽培は十九世紀に入ってなお日本各地にみられることになった。

大唐米が本格的に駆逐されるようになったのは明治以降のことである。米が貨幣経済の渦に飲み込まれるようになると、赤米はなおいっそう消費者に嫌われることになった。赤米である大唐米も当然栽培が敬遠され、その量はぐんと減った。しかしもともと雑草性の高かった大唐米は、雑草として各地の水田に残り続ける。大唐さしをやっていたような田では、その影響はまともに出た。大唐米は雑草の「本領」を発揮し、駆逐しようとすればするほどしつこく田に残り続けた。それが日本の田から完全に姿を消したのは昭和の四十年代のことではなかっただろうか。

インディカとしての大唐米

大唐米は、調べてみるとインディカに属するものが圧倒的に多い。このことはいまにかろうじてその子孫を残したわずかばかりの大唐米の分析から明らかになったことである。

大唐米はまた、熟した種子が簡単に落ちる脱粒性という性質を強く持っていたようである。脱粒性は本来野生イネが持っていた遺伝的性質であるが、それが一

大唐米は雑草性が高く、自然脱穀しやすいので穂束を何かに引きつけるだけで脱穀ができる（『四季農耕絵巻』（大分県立宇佐風土記の丘歴史民俗資料館蔵））

東南アジアにみる脱穀風景［雲南省］

脱穀時に使われる道具。「ヌンチャク」そのものである［ラオス］

部の栽培イネでは完全に失われることはなかった。むしろ脱穀にあたる農民の好みに応じて、さまざまな程度の脱粒性を持つ品種が残されてきたといってもよい。とくにインディカの品種の中には、脱粒性の程度に多様な変異があることが知られている。大唐米の仲間とおぼしきものの中に、「こぼれ」などという名を持つものがあるが、これはおそらくその脱粒性のゆえんである。

脱粒性の大きな品種では、脱穀の作業は収穫した穂を大きなかごか何かの中で、かごの壁面か下に置いた台の上にぶつけておこなうことが多かった。脱穀機などという大掛かりな機械を持ち出すまでもなく、簡単、迅速に脱穀ができるというわけである。現に、東南アジアの各地では今もまだこういう方法で脱穀する風景に今もまだお目にかかることができる。穂のついたわらをたたきつけるのに使う道具が写真の道具である。これを初めてみたとき、私は香港の格闘映画に出てくるヌンチャク*そのものだと思った。

これと同じ脱穀の風景が、大分県立宇佐風土記の丘歴史民俗資料館所蔵の『四季農耕絵巻』に登場する。様子は若干異なるものの、穂を何かに打ちつけて脱穀するさまは153頁の写真のそれと瓜二つである。私は、これは、大唐米の脱粒性のよさを利用した脱穀方法ではなかったかと思う。

ヌンチャク　沖縄に伝わる武具。2本の短い樫の棒を、短い鎖または紐でつないだもの。もとは農具か?

8・現在水稲品種の系譜

日中水稲の類縁関係

農学者安藤広太郎は日本の水稲品種が、遺伝学的にみて類似度の高い中国の水稲品種の子孫であると主張した。* 実際のところ遺伝学的な分析をしてみると、日本の水稲品種の大部分と中国の粳品種とはともに温帯ジャポニカに属する品種たちである。他に温帯ジャポニカに属する品種といえば、朝鮮半島の品種や台湾の蓬莱米、米国カリフォルニア州のカリフォルニア米などごく限られた存在である。こうしたことを考えると、安藤の推定はいまもその正当性を失ってはいない。

日本の水稲品種の渡来について、考古学者の多くは朝鮮半島から来たと主張して譲らない。だが、かりに考古学者たちの主張が正しいとしても、それは日本の水稲品種が遺伝的には中国の水稲品種の末裔であることを否定するものではない。二つの品種群は遺伝的な関係をさらにみてみよう。

ＤＮＡによって、両国および朝鮮半島の水稲品種、それも近代の改良を受ける前の在来品種の遺伝子型をみてみよう。イネの一二対の染色体のうち、一番長い染色体にあるＲＭ１*という特殊な遺伝子を調べてみる。この遺伝子には全部で八つの種類があり、それぞれ小文字のａからｈの記号で表されている。中国大陸の品種にはこの八つの遺伝子のすべてがあるが、その頻度は遺伝子によってまちまちである。朝鮮半島にはこの八つの遺伝子のうち、ｂだけを欠いた七つがみつかっている。一方日本列島には、ａ、ｂ、ｃの三タイプだけがあるがｃの頻度はご

安藤広太郎（あんどうひろたろう）
［1871−1958］兵庫県生まれ。著書に『稲作ニ関スル講話筆記』（安藤広太郎述、諏訪郡農会）、『日本古代稲作史雑考』（地球出版）ほか

安藤は遺伝学的な立場から日本の水稲と中国の水稲の類縁性を述べたのであり、その主張のもともとは中国に起源したであろう水稲の渡来経路についてのものではなかった。

RM1 →p.137

く低く、実質的にはaとbの2つだけがあるといってもよい状況にある。*

*→p.137

こうしたデータから、二つのことが結論できる。ひとつは、日本の水稲が多様な中国品種のなかのごく一部であるという事実である。このことはさきの徐福伝説でもふれた、水稲がごく小さな集団できたという仮説に合致する。他の多くの栽培植物の渡来がそうであったように、水稲もまた、小さな集団が東シナ海や対馬海峡を渡って日本列島に達したのであろう。

中国の水稲品種がRM1という遺伝子のタイプについて多様と書いたが、さきほど浙江省におけるイネ品種の紹介にも書いたように、中国でも品種改良がすすむにつれ特定の品種ばかりが繰り返し交配親に使われる事態が生じた。こうした品種改良が各省独自におこなわれれば、将来は省ごとに違った遺伝子が固定されることもありえるだろう。同じ温帯ジャポニカ（水稲）といいながら、将来品種の中に分化がおきる可能性が示唆されるわけである。

さてb遺伝子の分布からは、新たなことがもうひとつわかってくる。これをもつ品種が朝鮮半島を経由せずに日本列島に達した可能性が高いということである。従来、考古学的証拠から、日本列島への水稲の渡来はもっぱら朝鮮半島経由であったと考えられてきた。しかしb遺伝子の存在は、半島を経由せずに直接日本列島に渡来した系統の存在を強く示唆している。おそらく日本列島への水稲渡来の系統には二つがあったのであろうと考えられる。

現代中国の水稲品種

現代中国の水稲品種の性質や系譜については、例えば「中国水稲品種及其系譜」(一九九〇)などに詳しく述べられている。ここではとくにその系譜に注目してみたい。

中国の水稲品種が秈と粳に分かれることは今もまったく変わりがない。現代における品種改良でも原則的に秈は秈どうし粳は粳どうしで交配がおこなわれてきたため、両者の遺伝的な違いは広がることはあっても縮まることはなかった。そして秈が南に、粳が北に分布するという昔ながらの地理的な分布は今も変わらない。一部の省では秈、粳双方が栽培されているが、そのようなケースでも両者は違った作期に栽培されるケースが圧倒的に多く実質的には違う作物になっている。秈と粳という二つの品種群は今も健在である。

なお最近ではこれらに加えて「ハイブリッドライス*」というまったく新しい品種改良がすすめられている。ハイブリッドライスとはどんな稲などは後に詳しく触れるが、それは今まではタブーでさえあったインディカとジャポニカの遺伝子を組み合わせて育成される品種である。ハイブリッドライスの登場によってこれまでの品種改良のあり方が根本的に変わってきている。

このハイブリッドライスを別とすれば、品種改良の方法は、在来品種からの選抜、それらどうしの交配、放射線*や薬剤*を処理をしてできた突然変異の利用、葯

ハイブリッドライス→p.177

放射線　X線やガンマ線、中性子線などが使われる。

薬剤　生物の遺伝子に突然変異を起こさせる力をもつ薬剤は各種知られている。これらの薬剤は発ガン性を示すことが多く、最近はあまり使用されない。

培養*といわれる一種のバイオテクノロジーによる方法、などが採用されている。日本ではイネの品種改良は交配による方法が主力をなしている。バイオテクノロジーの方法は、日本ではもっぱら基礎的な研究に力が注がれたが、中国ではむしろ応用研究にエネルギーの多くが割かれている。

現代の秈品種たち

現代の秈稲の品種は、その成熟期によって早秈、中秈、晩秈の三タイプにわけられている。早秈は長江の南のすべての省で栽培が認められ、総栽培面積はおよそ一〇〇〇万ヘクタールにおよぶ。これは日本の今の総水田面積一七〇万ヘクタール（二〇〇〇年度）のじつに六倍に達する。代表的な品種に「矮脚南特」などがある。また国際イネ研究所*で育成されたIR系統の品種などもこのグループの中に含まれている。この五〇年間に育成された品種の総数は三五八品種に及ぶ。

中秈は長江の流域をちょうど南北に挟む地域に栽培され、栽培の中心は上流の四川省から下流の安徽省におよぶ。育成された品種は一七五品種である。総栽培面積は早秈よりやや少ない程度（九〇〇〇から九五〇〇万ヘクタール）である。主要な品種は「矮脚南特」や、広東省で育成された「広場矮」と呼ばれる草丈の低い品種やその後代系統が主である。

晩秈は、早秈と似た分布を示し、総面積も早秈同様約一〇〇〇万ヘクタールに及ぶ。この五〇年間に育成された品種の数は二一五品種である。育成された品種

葯の中の花粉一個一個の細胞のDNAを倍増させ、新しい型の個体をいち早く育成する品種改良の一方法

国際イネ研究所　International Rice Research Instituteの頭文字をとってIRRI（イリ）と呼ばれる。本部はマニラ郊外。

粳と籼の分布図

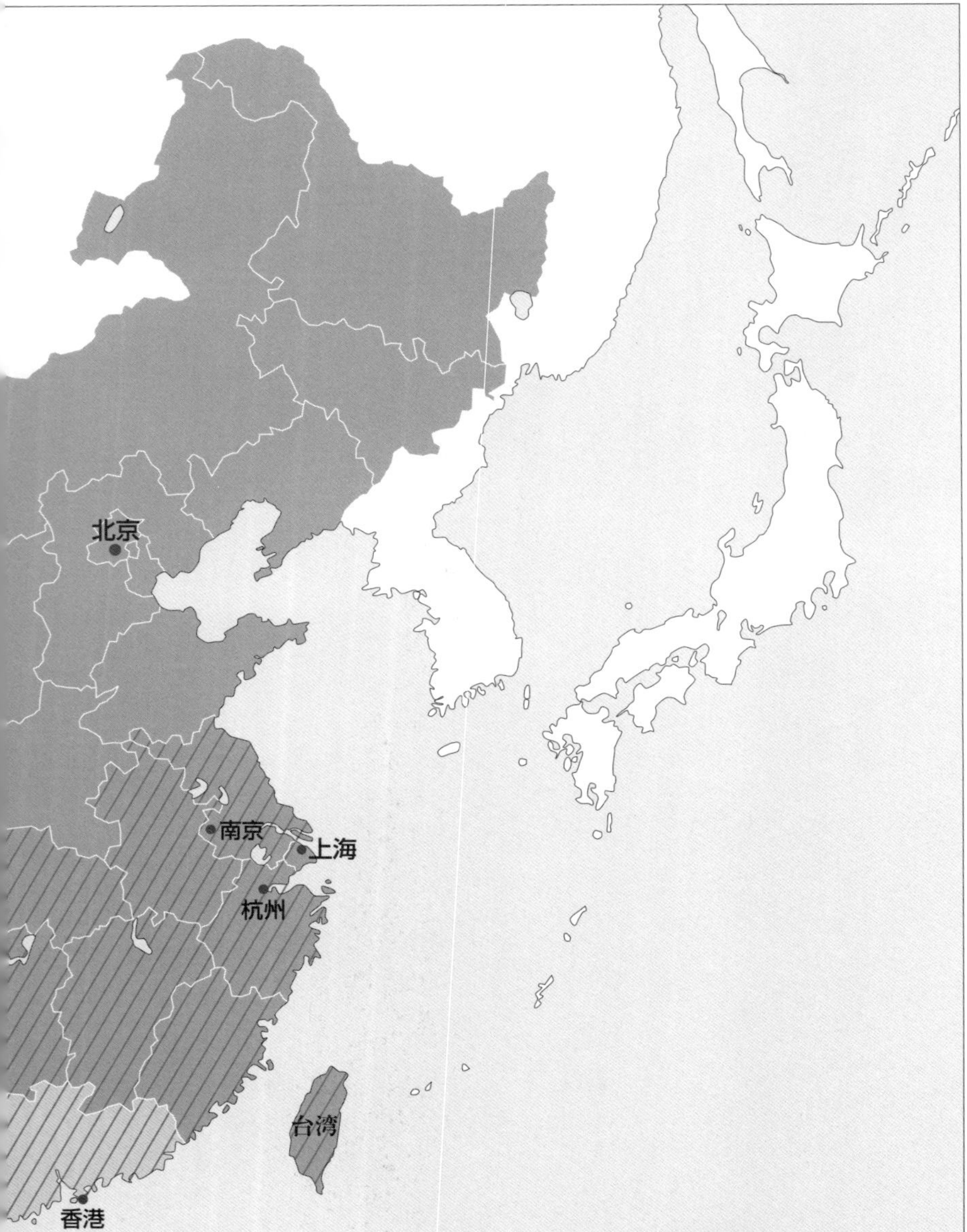

出典：林・閔編『中国水稲品種及其系譜』（上海科技出版社 1991）

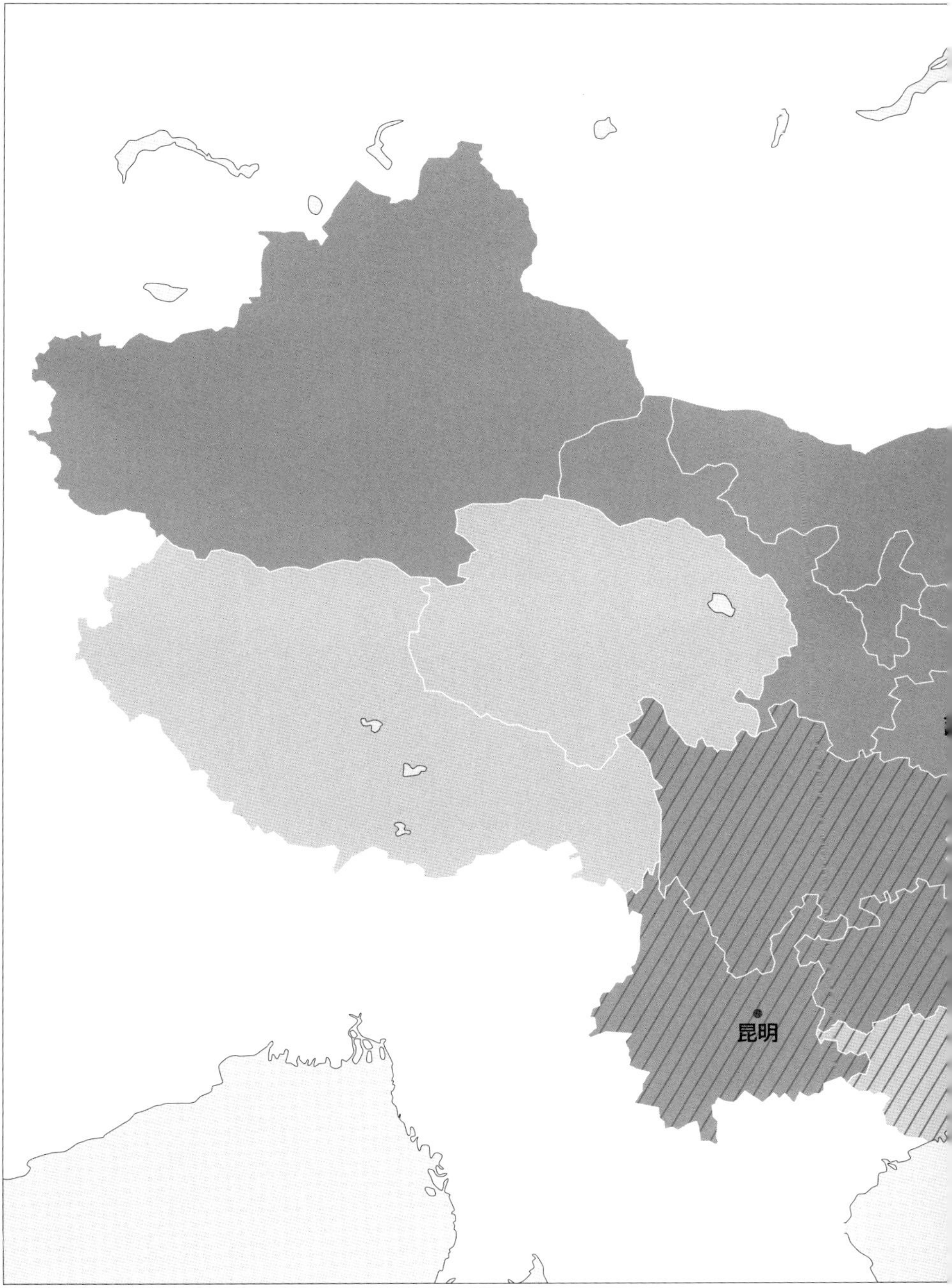
昆明

は、「広場矮」や国際イネ研究所の品種などを交配させて作ったものが主力である。

このように籼品種はその成熟期に応じて早、中、晩とわかれてはいるが、分布の範囲が似通っていることや交配親に使われた品種が共通であるなどを考えると、生物学的には一群の品種であるということができる。

籼はインディカに属する品種であり、現在の日本のイネ品種とは直接のかかわりをもっていない。それだけ日本人にはなじみもうすい。

現代中国の粳品種

現代中国の粳品種もまた、早、中、晩の三つに分けられる。このうち早粳は黄河流域からさらに北あるいは奥地に栽培される品種で、この五〇年間に二七一品種が育成された。総栽培面積は分布が北に偏っていることもあって約二〇〇万ヘクタールほどである。この品種群の特徴は、日本の品種である「愛国」*やその後代にあたる「陸羽一三二号」*などが交配の親につかわれていることである。つまり早粳品種は日本の水稲品種、とくに早生品種の遺伝子を受け継いだ品種である。また、とくに寒い地域の品種の中には、北海道の在来品種である「坊主」*や「石狩白毛」*を親に持つものも少なくない。

中粳品種は長江流域に広がりを見せ、総栽培面積は一九八六年の統計で約一六〇万ヘクタールに栽培される。栽培面積は籼や早粳に比べて狭い。また五〇年間に育成された品種も八一品種と、少ない。単位面積あたりの収穫は多く、ところ

「愛国」 起源に諸説ある 1915年交配

「陸羽一三二号」 亀ノ尾×愛国。

「坊主」 北海道の在来品種「赤毛」の中からみつかった芒のない品種

「石狩白毛」 北海道の在来品種。関山八号×早生富国。1933年交配

によっては一〇アールあたり八〇〇キログラムにも達するという。現在（二〇〇二年）の日本の値が五二四キロであることを考えれば、八〇〇キロという数字がどれほどのものかがわかるだろう。品種改良に使われた品種の中には、「農林八号」*など日本品種の名前が散見される。

晩稉も中稉と似た分布を示す。栽培面積についての記載は見当たらないが、少なくとも一〇〇万ヘクタールには達するものと思われる。晩稉の在来品種こそが、かつて日本列島に伝わった品種の直接の子孫ではないかと思われる。今までに育成された品種は一八九品種に達する。著名な品種は日本からわたった農墾五八（日本名は「世界」*）と呼ばれる品種である。

おどろくべきことに、現代中国の稉品種の中には、日本の品種を交配親に持つものが多数存在する。詳しくは後に項を改めて書くが、何千年かまえ中国から渡来したイネは、日本国内で改良を受け、里帰りを果たしているといえるだろう。

上海市や江蘇省一帯の晩稉の中には、一風変わった形態を持つ品種がたくさんある。それらは通常の品種に比べて穂や種子（籾）が明らかに短く、また葉も短く背丈も低い。品種名はわからなかったが、おそらく当地の在来品種のひとつではないかと思われる。品種改良がすすんだとはいえ、中国は広い。まだこうした在来品種が、上海のような大都市近郊にさえ残されているのであろう。*

「農林八号」 銀坊主×朝日

「世界」 詳細は不明

→p.165

浙江省のイネ品種

省によっては、さらに詳細な資料が公表されている場合もある。例えば浙江省では「浙江稲種資源図誌」（一九九三）という資料が出版されていて、これをみると同省のイネの作付けの様子がひとめでわかるようになっている。同省は、上に述べた六品種群のうち早粳をのぞく五品種群が栽培される省でもある。そこでここではこの資料によって、浙江省のイネ品種の概要をみてみることにしたい。

浙江省は長江の南、東シナ海に面した省で人口は四四〇〇万人、面積十万平方キロの省である。地図で見ると山がちの省ではあるが、それでも稲作は伝統的に盛んで一九九三年現在の稲作面積は約二四〇万ヘクタールと報じられている。二〇〇一年度における日本の水田面積が約一六〇万ヘクタールだから、この面積は日本の総水田面積よりまだ広いことになる。

中国のイネの品種が秈と粳とに分かれていることは以前書いたとおりであるが、秈と粳の区別は浙江省でも今もはっきりしており、ほんのわずかの例外を除いてこの枠組みをはずれた品種はでてきていない。一九八五年に杭州市郊外に中国水稲研究所*ができて以来、省内にある在来のイネ品種が調査され、全部で約三七〇〇品種ほどが記録された。省ではこのうち約二一〇〇をあつめてその特性などを調査している。このうち約二割が秈で残り八割が粳であるという。在来品種について言えば、浙江省は粳稲の一大産地である。

→p.183

江蘇省農業科学院の品種保存田

風変わりなイネ品種（粳稲）

品種改良は一九二三年に始められ一九三五年に省の研究所ができてからは改良事業が本格化した。インディカの改良品種では一九五九年に登場した「矮脚南特」が二〇年間に作付総面積二〇〇〇万ヘクタールに栽培された。この品種は広東省の在来品種「南特一四号」のなかから選抜された品種である。またジャポニカでは農墾五八が、一九六一年の育成以来の二〇年間で二三〇〇万ヘクタールに作付けされたという。

その後、これらを親とする交配が盛んにおこなわれ、省内で栽培されるイネの品種の遺伝的な多様さは次第に失われてゆく。「浙江稲種資源図誌」（一九九三）に記された、矮脚南特および農墾五八にかかわる系譜図をみてみよう。前者は秈（インディカ）、後者は粳（ジャポニカ）であり、両者の間には交流はない。これをみると、矮脚南特および農墾五八の二品種とも、それらの直系の子孫であるいくつかの品種がしばしば交配に使われているさまが読み取れる。品種改良によって品種の種類は増えてはいるものの、遺伝的な広がりから言えば多様性が急速に失われつつある。

日本の水稲品種の変遷

日本の水稲品種はどのように変化してきたのだろうか。

弥生時代・古墳時代ころのイネの品種についてはさきにも書いた。それは考古学的な発掘資料から当時のイネを「復元」したものであった。不思議なことにイ

■農墾58の品種系譜

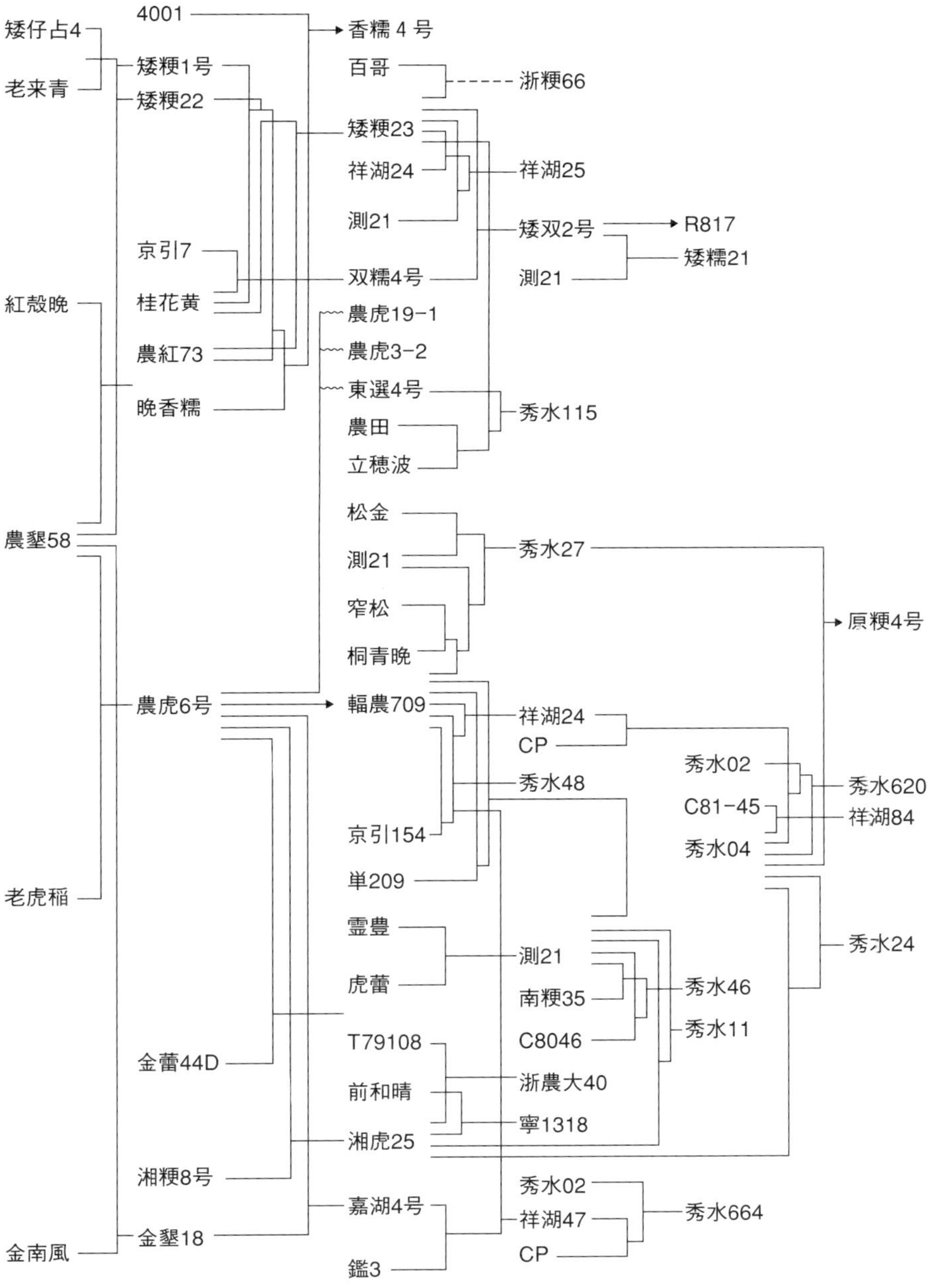
矮仔占4
老来青
4001
矮粳1号
矮粳22
香糯4号
百哥
浙粳66
矮粳23
祥湖24
祥湖25
測21
矮双2号
R817
矮糯21
京引7
双糯4号
桂花黄
紅殻晩
農虎19-1
農紅73
農虎3-2
東選4号
秀水115
晩香糯
農田
立穂波
松金
秀水27
農墾58
窄松
原粳4号
桐青晩
農虎6号
輻農709
CP
秀水48
秀水02
秀水620
C81-45
祥湖84
京引154
秀水04
単209
老虎稲
霊豊
秀水24
虎蕾
南粳35
秀水46
C8046
秀水11
T79108
金蕾44D
浙農大40
前和晴
寧1318
湘虎25
湘粳8号
嘉湖4号
秀水664
祥湖47
金墾18
金南風
鑑3

矮脚南特の品種系譜

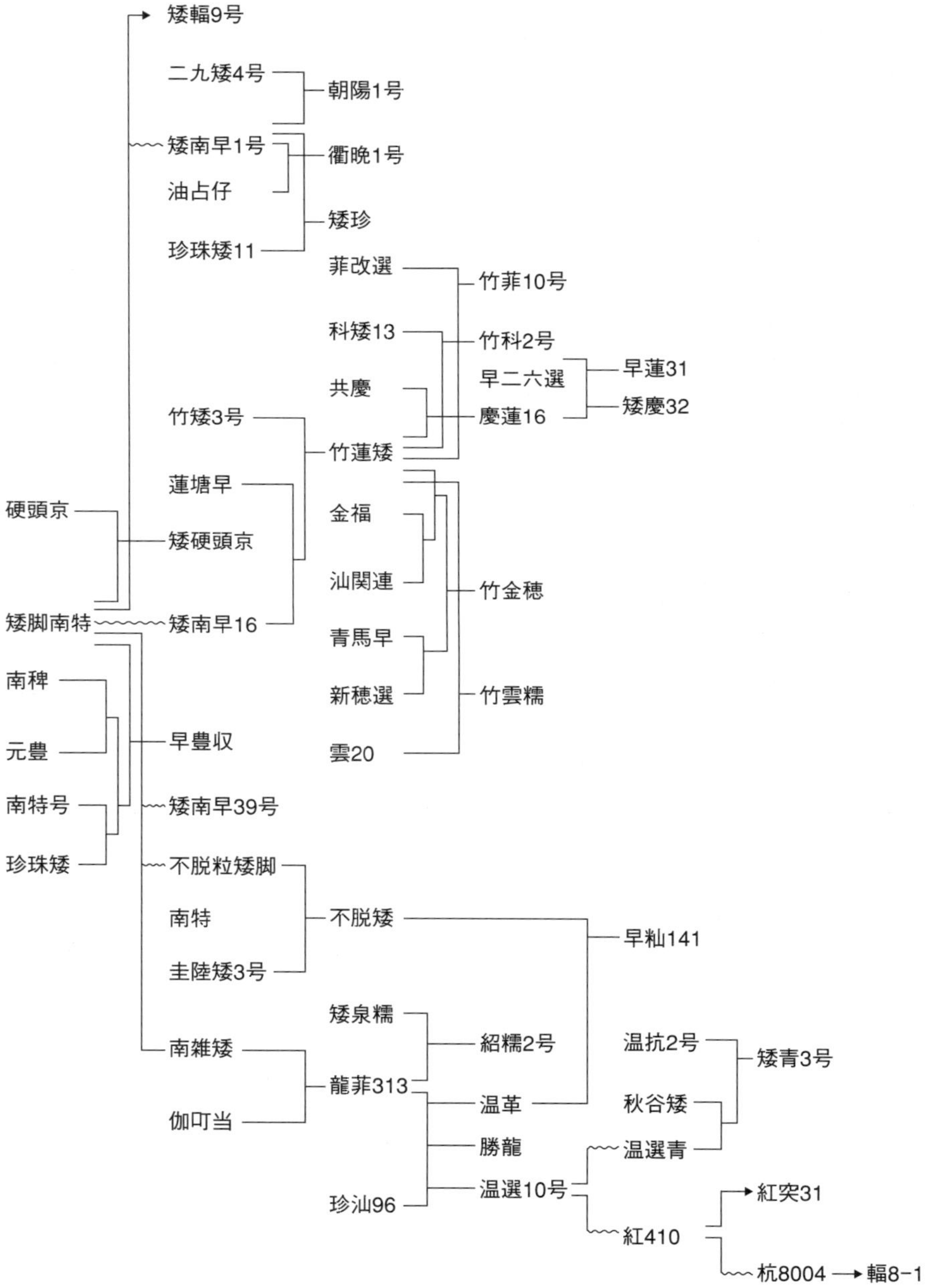
矮輻9号
二九矮4号
朝陽1号
矮南早1号
衢晩1号
油占仔
矮珍
珍珠矮11
菲改選
竹菲10号
科矮13
竹科2号
早二六選
早蓮31
共慶
慶蓮16
矮慶32
竹矮3号
竹蓮矮
蓮塘早
金福
硬頭京
矮硬頭京
汕関連
竹金穂
矮脚南特
矮南早16
青馬早
南稗
新穂選
竹雲糯
元豊
早豊収
雲20
南特号
矮南早39号
珍珠矮
不脱粒矮脚
南特
不脱矮
早籼141
圭陸矮3号
矮泉糯
紹糯2号
温抗2号
矮青3号
南雑矮
龍菲313
温革
秋谷矮
伽叮当
勝龍
温選青
温選10号
紅突31
珍汕96
紅410
杭8004
輻8-1

ネに関しては、発掘資料は弥生時代や古墳時代のほうがそれ以後の飛鳥時代や古代より豊富である。古代や中世のイネ資料は弥生時代などよりかえって少なく、当時のイネの姿の全容はあきらかになっていない。古代から中世のイネや稲作については、ほとんどすべてがまだ未知のままであるといってよい。

一方近世に入ると農書の類がたくさん出版されるようになる。それらには品種の名前も登場し、当時の品種の様相がある程度うかがい知れる。それらいくつかの農書をもとに当時の品種の姿を想像してみることにしよう。

近世にはすでに相当数のイネの品種があったようである。盛永*（一九六二）によると、加賀藩*物産帳には全部で二〇八の品種数が記載されているという。つまり当時の加賀藩では二〇八の品種を識別していたということになる。こうしたことはどの藩にもあったようで、会津藩で出された「会津農書*」にも相当数の品種名が出てくる。

品種の数は時代が下るにつれさらに一層増加する。いろいろなものが混じった旧来の「品種」の中から、ある特別なタイプのものを選んで新しい品種を仕立てる作業を「純系分離法」という。中国浙江省の品種「南特一四号」から「矮脚南特」が選抜されたのもまた純系分離法による。

明治時代にはいると純系分離法によってさまざまな品種が識別されるようになった。それらの中には、岡山県の品種「雄町」から選抜された「渡船*」のように名前そのものが変わってしまったものから、「旭」から選抜された「京都旭」の

盛永俊太郎（もりながとしたろう）［1895−1980］富山県生まれ。編著に『稲の日本史』（農林協会）、『私と農学―名著を読む―』（農山漁村文化協会）ほか

藩とは江戸時代、幕府権力の保障のもとに1万石以上の領地を与えられた大名とその家中と領分を総称したもの。江戸時代を通じて260前後が全国に散在した。

会津農書 貞享元年（1684）、会津幕内村の肝煎 佐瀬与次右衛門著。寒地農法を体系的にまとめたもの。上中下（稲作、畑作、農家生活全般）の三巻。

渡船《わたりぶね》 この品種は1906〜1910年ころ米国カリフォルニアに渡り、そこで育成された品種の「母」となった。

ように旧品種名の前あるいはうしろに地名や人名をつけたもの、さらには「渡船4号」のように親からの派生を番号で表したものなどがある。

この純系分離法は明治の中ごろまで続く。そしてこの方法で作られた品種たちが昭和時代の初めころまでリードしてゆく。純系分離を続けると、品種の総数は増えてゆくが、反対に個々の品種については、その中の多様性はどんどん小さくなってゆく。というのは、それまでの品種は相当に雑駁で、いろいろなタイプの個体を含んでいたからである。だから、純系分離の操作によってある地域や国の品種全体の遺伝的な多様性が増えたり減ったりすることはない。

明治時代のおわりころから、これら純系選抜で選び出された品種同士を交配するという方法で新しい品種が生まれるようになった。* この過程で少数の品種だけが交配の親としてしばしば使われたが、残り大多数の品種はついに交配親に選ばれることはなかった。このあたりの事情も中国と同様である。

* 初期の交配は国ではなく民間で行なわれた。その後、国の研究機関でもさかんに行なわれるようになった。

選抜された水稲

前の二節でみてきたように、日本と中国の現代水稲品種は、近代以前の多様な集団からえりすぐられた、あるいはそれらえりすぐり同士を交配しさらに選抜を重ねた結果生まれた超エリートたちであったことがわかる。

だが、これらエリートたちには、それ以前の品種に比べて背丈が小さいという共通の性質がある。近代における品種改良の過程で起きた一番おおきな変化は背丈の短縮であった。秈のエリートのもとになった「矮脚南特」の「矮」の字はこびとという背が低いという意味をもつ。「矮脚」とは草丈が短いという意味である。粳品種でも事情は同じである。浙江省には矮粳という名の品種があるし、名前では区別がつかないものの「農墾五八」の導入以後に新たに育成された品種はどれもそれ以前の品種に比べて背丈がひくくなっている。日本の水稲品種もまた同じで、第二次大戦以後に改良された品種はそれ以前の品種に比べて三〇センチちかくも草丈が縮んでいる。

背丈を短縮させたのは、*d*-47とよばれる、背丈を短縮させる遺伝子*であった。この遺伝子は、インディカである秈にも、ジャポニカにも存在する。インディカ、ジャポニカという違いはあるものの、また日本と中国という地域的な違いはあるものの、背丈を短縮させるために使われた遺伝子は共通だったのである。

では草丈はなぜ短かくされたのか。その秘密は多収穫という社会の要請にあった。日本でも中国でも、近代以後は食糧増産が品種改良の事業に課された国家的使命であった。そのために化学肥料の発明をはじめとするさまざまな栽培技術が開発された。化学肥料を多用することで生産は潜在的には増加したが、背丈の高い品種では茎が弱くなって倒れてしまい、生産性や品質が落ちるなどの弊害が現れた。肥料をやっても倒れることのない、背丈の低い品種の登場が望まれたのである。

さきに紹介した「純系選抜」は、だから、*d*-47遺伝子のように背丈を低くす

背丈を短縮させる遺伝子　半矮性《わいせい》遺伝子という。この遺伝子の仲間は矮脚南特だけでなく、日本の「十石」などの在来品種や、突然変異を起こさせてできた品種「レイメイ」などにも見出されている。

る遺伝子をもった限られた個体だけを選抜するという、きわめて条件のきびしい選抜であった。日本でも中国でも、背丈を低くする遺伝子をもつものに対する選抜が、水稲品種の遺伝的な広がりを大きく狭める中心的な役割を果たしたといえる。

東の愛国と西の旭

現在日本で栽培される品種の親としてひんぱんに使われたのは、旭*（または朝日）、愛国、神力*、亀の尾*の四品種くらいのものである。いずれに場合も、同じ時代のほかの品種に比べて背丈が低かったようである。コシヒカリをはじめとする現代の日本品種の系譜を見ると、これら四品種の名前が幾度も登場し、現代の日本のイネ品種が遺伝的にいかに単調になっているかがよくわかる。しかも現在

「旭」 京都府向日市で成立
「神力」 兵庫県播磨で成立
「亀の尾」 山形県庄内で成立

コシヒカリの系譜図

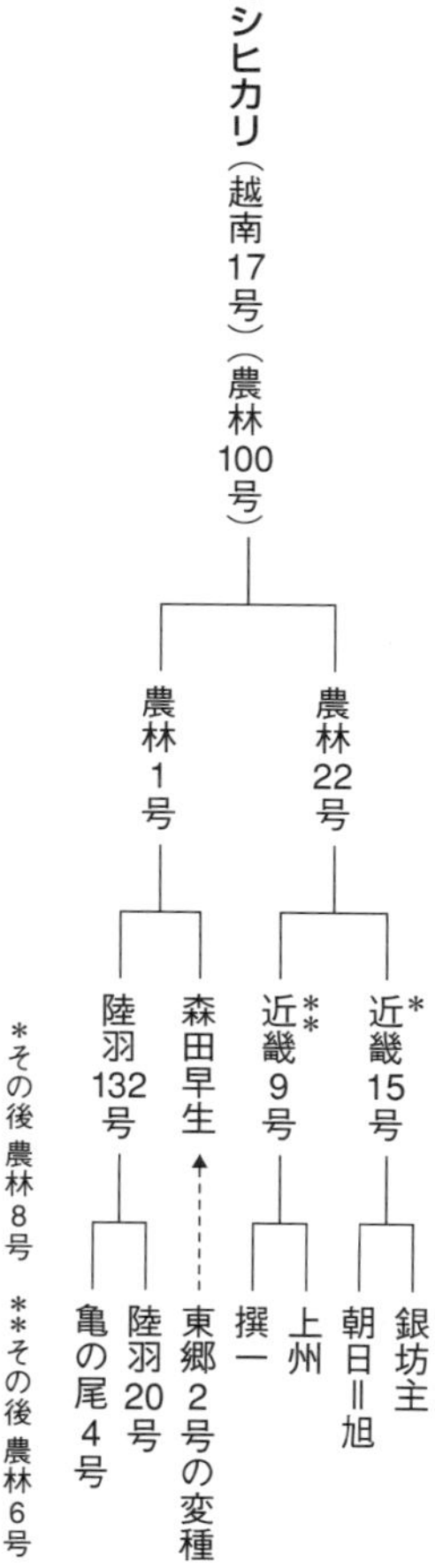

稲品種の背丈の変遷。右にいくほど新しい品種

平成14年産水稲の全国品種別収穫量割合（上位5品種）

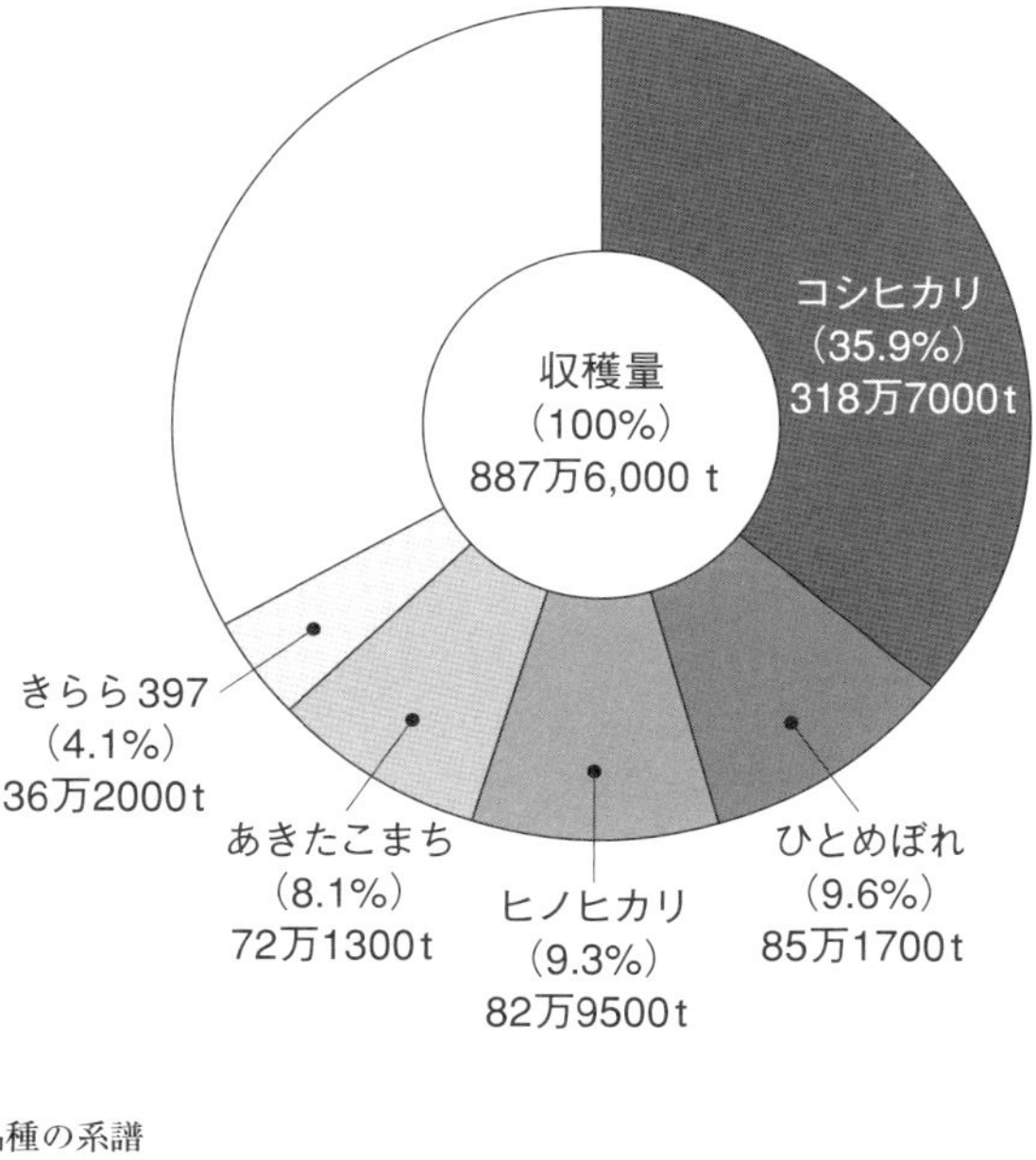

栽培される品種をその栽培面積順にならべると、その上位二十品種だけで全栽培面積の八五パーセントを占めている。中でもトップのコシヒカリは全水田面積の四割にも達しようかという寡占率である。

今、日本のイネ品種は均一と書いたばかりだが、日本の水稲の品種は、伝統的に大きく東のタイプと西のタイプとに分かれていた。[*] 東のタイプは品種「愛国」に代表され、その粒はやや小粒で、粘り気があってかつやわらかい。その食感はいまの「ササニシキ」にそのまま残されている。

いっぽう西の品種は東のそれに比べるとやや大粒で、腰はあるもののやや粘りにかける。「旭」はその代表格であって、西日本には今なおその味にこだわる消費者が少数ながらいる。つまり近代以降もなお、日本列島はイネ品種に関して東西で異なる文化圏をもっていた。いっぽう現代の著名品種たちはどれも愛国や旭を繰り返し交配親に使っていることをもう一度思い出して頂きたい。つまり、今私たちが目にしているコメは、東の愛国と西の旭という東西両横綱の雑種ということになる。

近代以降の一五〇年間にイネ品種はこのように変遷した。それは、一口で言えば、頂点に立つスーパースター誕生の物語であった。この一五〇年の間に、水田もまた進化した。いま私たちが見る水田は実に機械的要素の濃い水田である。四角四面な田にはイネ以外の存在は許されない。イネもまた見事に揃い、緑の絨毯のような斉一さが求められるようになった。

食にかかわる多様な文化要素の中で日本を東西に分けるさまざまな要素が知られている。モチの形（西は丸、東は角）などはその典型的な例である。

今は珍しくなった苗代［山口県長門市］

斉一な日本の水田

不斉一な水田［ブータン］

不斉一な水田［ブータン］

日本から中国にわたったイネ

私たちは、イネの伝播にかんして、中国から日本へという一方通行を考えてきた。だが、反対に日本から中国にわたったイネが多数ある、しかもそれらは中国全土の粳品種の親として使われ、今の中国品種の中に生き続けている。ここではそれらの品種を紹介してみよう。

本書でも幾度か名前が登場した「農墾五八」はじめ「農墾」番号のついた品種は全部で五八あり、そのすべてが日本の水稲品種である。多分どこかの試験場か研究所が、一括して日本の品種を導入して、それに農墾の名を与えたものと推察される。この中には「コシヒカリ」の親である「農林二二号*」などが含まれているほか、北は北海道から南は九州までの品種が含まれている。「農墾〇〇」と名づけられた品種たちはしばしば、そのまま栽培されたほか、交配親として幾度も使われ、その遺伝質を後代に残している。

なかでも農墾五八（日本名は「世界」）は多くの粳品種の親として使われてきた経緯を持つ品種である。また農墾五七である「金南風*」も、交配によく使われた著名品種のひとつである。

「農墾」と似たセットが「京引」品種群である。これも国外の品種一三四をセットにしたものであるが、この一三四品種のうち一〇品種ほどを除いたほかはすべて日本の改良品種である。

「農林二二号」「農林八号」×「農林六号」

「金南風」「良作」×「愛知中生旭」「きんまぜ」と読む

「農墾」や「京引」グループ以外にも、現在中国の粳品種の親になった日本産の水稲品種はじつに多い。それは、北海道の稲作を開拓した「坊主*」、「石狩白毛*」から、西南暖地の品種の親となった「旭」、「神力」など数十品種に及んでいる。

こうしたことを考えると、現代中国の粳品種の遺伝的な背景は現代日本の水稲品種たちが担っているということができる。水稲は、三〇〇〇年ほども前に中国大陸で生まれ育ち、二〇〇〇年余り前に日本列島にやってきた*。そして二〇〇〇年余りを経た今、それはまたもとの古巣に帰っていった。現代中国の水稲品種は、中国在来の伝統品種と日本生まれの新品種との寄り合い所帯なのである。

「坊主」 →p.162
「石狩白毛」 →p.162

＊ごく最近の研究ではこれよりさらに古い時期を想定するものもある。

ハイブリッド・ライス

私たちのこころには、さまざまな文化要素のほとんどのものが中国から来たものだという先入観が染みついている。特に、イネや稲作は中国から輸入されたものであるとの説は、パラダイムというにひとしいほど強固である。確かに、イネそれ自身は中国生まれである。イネに派生するさまざまな産物や文化もまた、中国生まれのものが多い。

だがあまたあるイネやその要素の中には、日本から中国に伝わったものもある。次に述べるハイブリッドライスもそのひとつである。ハイブリッドライスとは、交配によって得られる雑種第一代になった種子をそのまま商品として使ったイネのことで、通常のイネよりはるかに増収効果が大きいと説明されてきた。確かに植物にはヘテロシス*（雑種強勢）といわれる現象が種を超えて普遍的に見られる。俗に雑種は純系より強いといわれるのは、この雑種強勢の現象をさしたものと思われる。

雑種強勢は、ある程度縁の遠い親同士の交配でできた子に強く現れる。イネの場合も、雑種強勢はインディカとジャポニカのような、縁の遠い品種どおしの交配時につよく現れる。そこでハイブリッドライスも、インディカ×ジャポニカの交配によって作られることが多い。

ところでもともとが自家受粉*するイネを他家受粉させるのは容易ではない。ほうっておけばイネは九九パーセントの確率で自家受粉してしまうからである。ハイブリッドライスの完成には、理屈はともかく、このような、乗り越えるべき技術的な問題がいくつもあった。この問題を解決する原理を編み出したのが元琉球大学教授の新城長有*さんであった。新城さんはこのハードルを越えるのに雑種不稔性という現象に注目した。雑種不稔性*には、大きく分けて核遺伝子とよばれる遺伝子の作用によって起きるものと、核の遺伝子と核の外の遺伝子（これらをオルガネラ遺伝子などという）の相互作用によって起きるものとがある。新城さんが使ったのは後者のほうである。

新城さんらは、種子をつける株（これを種子親と呼ぶことにする）の花粉の遺伝子にちょっとした細工を施した。自分の花粉では受精できないようなしかけを、花粉に組み込んだのである。といってもいまでいう遺伝子組換え操作*をおこなっ

ヘテロシス　雑種植物が純系の植物より旺盛な生育を示したり多くの子孫を残すという経験則

自家受粉　1つの植物の花粉が同じ株（または同じ花）のめしべについて受粉すること。エンドウ・トマト・イネ・オオムギなどでみられる。

新城長有（しんじょうちょうゆう）1931年沖縄県生まれ。琉球大学名誉教授。ハイブリッドライスの基礎を築いた。

雑種不稔性　交雑によって生じた雑種植物の種子や花粉が実らなくなる現象

遺伝子組換え操作　DNA（デオキシリボ核酸）を組換えることによって役立つ性質を持つものをつくりだそうというもの。アメリカでは既に遺伝子組換え農作物としてトマト、大豆、トウモロコシなどが商品化されている。

雑種不稔性を示す穂　白く見える種子はその遺伝子の性質によって稔らなかった種子である。両親の組合せによってはF_1植物（雑種第1代植物）のほとんどが稔らないことさえある。

たのではない。あくまで交配という手段を使って、つまり実に多くの時間と労力をかけて、この作業をおこなったのである。この結果、この株（品種）は自分の花粉では受精ができなくなった。そこで、この品種を筋播き*し、その隣の筋には別の品種（これを花粉親ということにする）を植えるようにしておくと、種子親は花粉親から受けた花粉で受精することができる。そして成熟時には、花粉親だけをあらかじめ刈り取っておき、種子親に実った種子だけを収穫してやれば、取れた種子はすべてハイブリッドになっているというわけである。

ハイブリッドライスの実用化

このアイデアはすぐ実用化に移される見込みであった。日本でもいくつかの民間企業がハイブリッドライス実用化に向けて行動を開始した。だが、ハイブリッドライスは日本では結局実用化されることはなかった。インディカの血を受けついだその食味が、日本人の好みとはあまりにかけ離れていたためである*。

その一方で中国ではハイブリッドライスはみごとに実用化された。今中国では、栽培面積の約三割がハイブリッドライスといわれる。ハイブリッドライスが受け入れられたのは、当時の中国が多収性、つまりたくさんとれることを求めていたという社会的な背景にある。ハイブリッドライスが登場する前の中国は、日本でいえばちょうど純系分離から交配による品種改良が軌道に乗り始めたころで、既存の品種の収量も高くはなかった。だから、すこしうがった見方をすれば、ハイ

筋播き 一定の間隔で溝を作り、そこに種子を播くこと

その代わり、野菜の多くのものやトウモロコシなどはハイブリッドになっている。

ハイブリッドライスの田んぼ［湖南省］

ブリッドライスでなく交配による品種改良を繰り返しても、収量は大幅に増加していたのかもしれない。

ともかくハイブリッドライスは中国で爆発的な伸びを示した。新城さんのアイデアは、中国で見事に実を結んだのである。まさに、日本生まれのアイデアが中国での品種誕生につながったのである。

中国でも最近は米あまりの傾向という。政府がなりもの入りでおしすすめた米増産運動の結果、米の生産がぐんとのびたのがその主因である。その結果、もっとも生産性が高いとされるハイブリッドライスを敬遠する動きさえ出てきている。ハイブリッドライスはインディカとジャポニカの雑種であることがおおく、そうするとその味はどっちともつかないものになる。しかも一粒一粒の味が異なるわけで、コメとして食べた場合味がぼけるのはむしろ当然といえる。中国のコメ問題は、日本のそれを三〇年ほどの遅れでそのあとを追っているのかもしれない。

研究機関を訪ねて

日本でも中国でも、最近は品種改良はもっぱら研究機関の仕事である。それ以前、例えば明治時代中ごろ以前の日本では、品種改良は農民の手で不断に行われてきた。それが国家事業となったのは明治二〇年ころ以降のことである。中国では品種改良は主に省単位で行われてきた。

現在でも品種改良の中心は各省の農業科学院やその下部機関である。どの研究

鉢植えされたF_1植物

中国水稲研究所の正面

中国水稲研究所の人工気象装置

機関も立派な研究施設をもっている。江蘇省農業科学院の網室（スズメよけの網を張った巨大な部屋）では、昨年夏に交配してできた雑種第一代の植物が鉢に植えられ、所狭しと並べられていた。人手不足の日本では、今ではこうした光景にはお目にかからなくなった。農学系の研究機関はどこも「バイテク」*研究所になってしまい、戸外にヒトの影さえ見ることがない。

中国・浙江省には、「中国水稲研究所」という国の研究機関がおかれている。この研究所だけは他の研究所と違って人民共和国政府直轄の研究所になっていて、全土のイネ研究をカバーすることになっている。おかれた設備はさすがに直轄研究所だけのことはあり、戸外での作業から室内でのDNA実験まで、あらゆる分野の研究が行われている。

日本では、最近のイネ品種の大半は国または国が指定した府県の研究機関で育成されたものである。しかしこれからは民間で育成した品種も登場することであろう。*多種多彩な用途に応じたさまざまな品種が世に出てこなければ、日本のイネ育種に未来はない。

中国での品種改良の事業はその意味で一歩先んじている。品種改良は誰の手でも行え、現実にさまざまな省の研究機関から毎年いくつもの品種が発表される。育成した品種が普及し、種籾*がたくさん売れれば研究所の財政が豊かになる。その意味では、品種の力は自由競争によって試されるわけだが、長い目で見てこのやり方が成功したといえるかどうかはまだわからない。

バイテク　バイオテクノロジー［biotechnology＜bio-（生命の）＋technology（科学技術）］　生物工学

最近、日本各地で地元産のイネ品種を地域特産に育てあげようという動きが活発化している

種籾　種子として播くために選んだ籾

9 米の日中比較

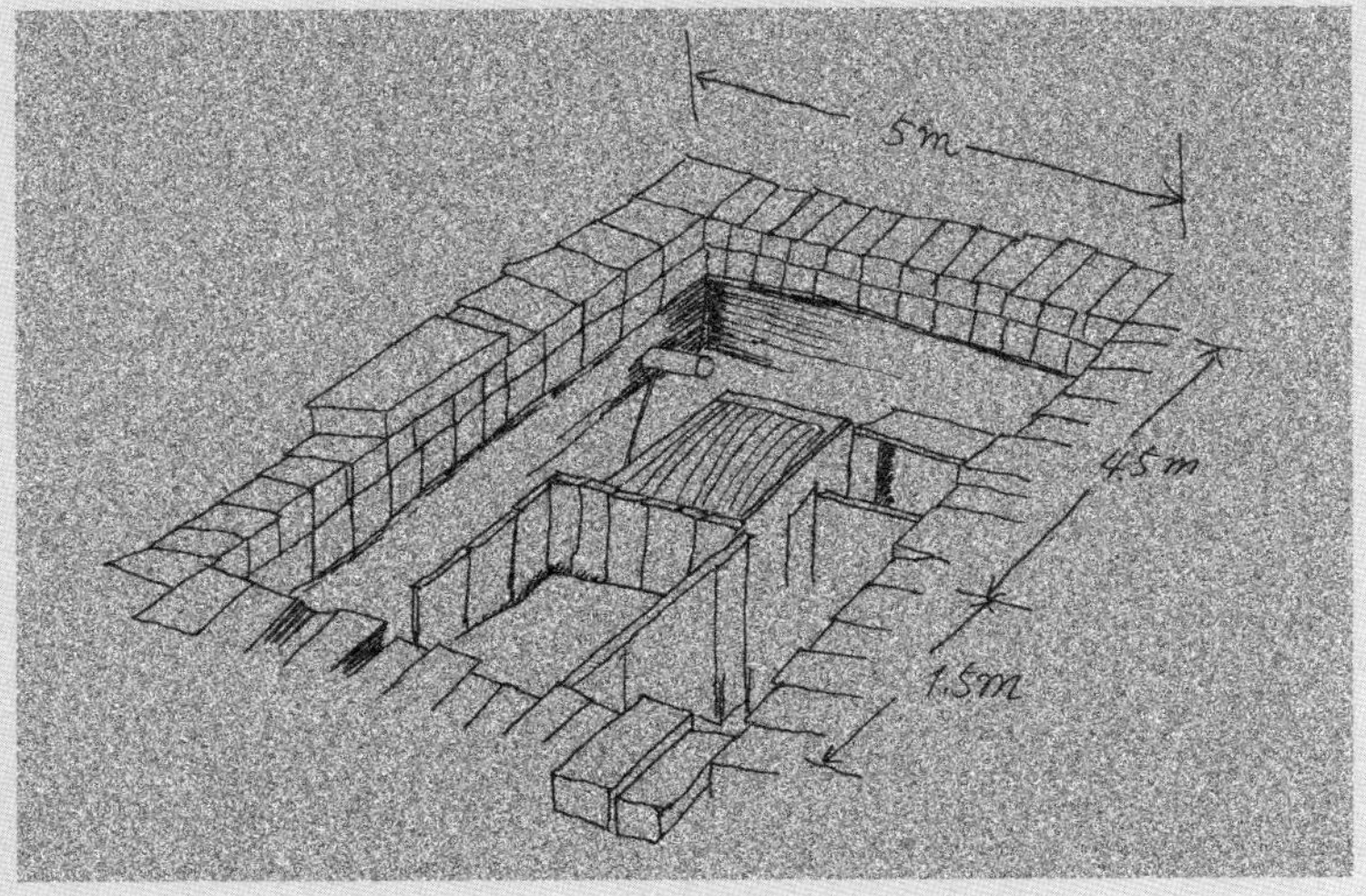

イネと米

米（こめ）はイネの種子であり、食料としてのコメをいいあらわす言葉である。日本語には米という語とイネという語とが分化しているが、英語には両者を区別する語はない。ライスは米を意味する語でもあるし、同時にイネを意味する語でもある。もし両者を区別する必要のあるときは、イネのことをライス・プラント(rice plant) といい米のことをテーブル・ライス(table rice)などと呼んだりする。こうした言葉の分化程度は、その言語を持つ民族のかかわりの長さ、かかわりの深さによると、故佐原真*さんはいう。

それと同じことがムギについてもいえる。ムギと日本語で総称する植物は、英語ではバーレイ（barley）であったりウィート（wheat）であったりライ（rye）であったりする。つまりそれぞれが違った名称をもつ。*ところが、「ムギ」とのかかわりが長くない日本語では、これらを区別するのに、「オオムギ」、「コムギ」、「ライムギ」のように、語尾に「ムギ」の語をつけて区別するしか方法がなかった。

中国語では「イネ」はどうだろうか。イネに当たる稲の字は中国語にもあり、その意味は日本語と変わらないが、中国語では、秈と粳という二つの品種群に相当する漢字がちゃんとそろっている。しかも秈と粳とには、ノギ偏を米偏に変えた籼、粳という字も存在する。籼、粳の語源は必ずしも明確ではないが、とに

佐原真 →p.57

これらいわゆる「麦」は分類学上異なった属（genus）に属しており、生物学的にみて近縁というわけではない。

かく中国語にはさまざまな種類の米やイネをあらわす多様な言葉が存在する。先の佐原流に言えば、このことは中国におけるイネの歴史の長さを物語っている。

米の色いろいろ

ふつう米は、玄米の間は薄い茶色をしている。だが、野生イネは赤褐色の玄米をもっている。こうした米を赤米*と呼んでいる。赤米とかいて、「あかまい」と読んでも「あかごめ」と読んでも構わない。よくみると赤の濃さは系統によって違う。濃い赤から淡い赤まで、変異はほとんど連続とさえ思えるほどである。ただし赤い色は玄米の表面にだけついている。ときどき米の中まで赤い色をしたものがあるという話を聞くことがあるが、私が知る限りそれは外の色が透けて見えただけのことである。

日本では最近、赤米がブームになっている。ついこの間まで目の敵にされていた赤米がいったいどうしたというのだろうか。最近の研究によると赤米の赤い色素はタンニン*の成分で健康によいという。

日本にある赤米にはジャポニカに属するものと、わずかながらインディカに属するものとが知られる。このうちインディカに属するものは大唐米としてやってきたものであろう。だが多くの場合がそうであるジャポニカの赤米についてはどうだろうか。これについては何の証拠も記録も残されてはいないが、おそらくは最初のイネの渡来のときにすでに赤米がきていた可能性が濃厚である。

赤米（右）と普通の米（左）

赤米 →p.94コラム

タンニン　チャ・五倍子（ふし）など多くの植物の木部・樹皮・種子・葉などに含まれる。加水分解によって水溶性多価フェノール酸を生じる混合物の総称。無色または淡黄色。

イネの品種のなかには、玄米の色が真っ黒、ないしは黒紫色*の系統がある。これも玄米の表面にだけ色がついたもので、胚乳内部には色はついていない。中国ではこれらは眼病によいと信じられているようで、さまざまな料理法が考案されている。なかでも餡のように甘く煮詰めたものはデザートとしても重宝されている。健康ブームの現代日本人がこの紫黒米をほうっておくはずはない。今ではこれらは輸入され、各地で、目によい米、として生産、販売されるようになりつつある。

イネの中には、その種子や葉に独特の芳香を持つものが知られ、香り米の名で呼ばれている。世界的に有名な香り米はタイの「カオドマリ」や西南アジアの「バスマティ」などであるが、中国や日本にも香り米の存在が知られている。また野生イネのあるものはあきらかに香り米である。香りの成分は品種によって異なるようで、前出の「カオドマリ」の香りはジャスミンの香りといわれるし、また日本の香り米の中には「麝香《じゃこう》」と名づけられたものなどもある。ただし香りがきつすぎるとネズミの匂いがするとされ、「ねずみもち」などという名前が生まれた。*

このような特殊な色香を持つ品種は日本でも中国でも重用され、色や香りに関する品種改良や研究がそれぞれすすめられている。関心のある方は、中国のイネについてならば『中国特殊稲』（上海科学技術出版社）を、また日本のイネについてならば猪谷富雄『赤米・紫黒米・香り米』（農文協）などを参照されたい。

黒紫色　黒紫色は、赤ワインで話題になったアントシアン系の色素によるもので、血管を保護して動脈硬化を予防し、発ガンの抑制に関係する抗酸化作用があるとも言われている。また、たんぱく質・ビタミンB1・B2・ナイアシン・ビタミンE・鉄・カルシウム・マグネシウムなどが豊富に含まれていて、中国では、薬膳料理として古くから利用されてきた。

香り米は少量を古米に混ぜると新米の香りになるといわれる。

スーパーで売られる香り米「カオドマリ」の袋［バンコク］

紫黒米を甘く煮てアイスクリームに混ぜる。持っているのは湯圣祥さん。［浙江省杭州で］

米の味

米にはさまざまな食味のものが存在する。とくに、米のでんぷんの性質――ねばりけの程度――をめぐっては、もち米のように粘度のきわめて高いものから反対にぱさぱさのものまで、いろいろな種類のものがある。米のでんぷんにはアミロースとアミロペクチンの二種があるが、この配合比によって食味が決まってくる。もち米はアミロース・ゼロ（つまりアミロペクチン*一〇〇％）のためにあの粘りになる。アミロース含量は高い品種では三〇％を越え、ぱさぱさというかぼろぼろとした食感となる。

アミロースの含量は栽培条件によって多少の変動はあるものの、基本的には品種によって決まっている。日本の品種は多くがアミロース含量一五％程度であるが、熱帯アジアの平地部の品種では二五％に達するものもある。「タイ米」に代表される熱帯の米がぱさつくのはアミロース含量が高いためである。

中国の籼と粳とでは、籼がタイ米並みの高アミロース、粳が日本の品種並みの低アミロースとはっきりわかれている。籼品種は炒飯などには好適であり、また粳品種は日本の米と似た食感を示す。籼と粳とはそれぞれ南方、北方に分かれて分布するので、食味に対する嗜好性も南北ではっきりと異なる。今の中国の人々の米に対する嗜好は、同じ国民、同じ漢民族でありながらはっきり二分している。先に書いたハイブリッドライスの食味はちょっと変わっている。というのも、

＊アミロペクチンはその分子構造の複雑さと分子量の大きさのために、糖に分解されるのに長い時間がかかる。もち米の「腹もち」のよさはこれによる。

ハイブリッドライスでは、その食味が米粒一粒ごとに違う。それはあたかも籼と粳を混ぜたような感じになり、籼、粳どちらを好む人からの評判もよくない。粳の食味になれているある農業技術者によると、ハイブリッドライスは「おかゆにする以外食べようのない米」であるという。海岸部の裕福な地域では米あまりの傾向が顕著である。増産一本やりの政策が転換点を迎え始め、今後は日本のように食味に対する志向性が強まっていくのかもしれない。

なお日本人には籼と粳に対応するような嗜好の分化は認められないが、炊き上がったご飯の固さに対する嗜好は個人により、また地域によってずいぶん異なっている。ごくおおざっぱにいうと、西日本には固めの米を好む人が多く、東日本にはやわらかめの米を好む人が多い傾向がある。*

→p.174

米料理いろいろ

中国やその文化圏には、さまざまな米料理、米を使った食材が知られている。米の粉で作られた麺、ビーフンは、南中国やインドシナではふつうのスープ麺になる。小麦の麺ほどのしっかりとした腰はないが、かといってそばのようにぶつぶつと切れるわけでもない。麺の太さや固さは千差万別で、太い麺があるかと思えば春雨のように細い麺もある。

ベトナムでよくお目にかかる「春巻き」をつつむ皮は、ライスペーパーと呼ばれる。これはまず米を粉にして水に溶き、薄く延ばしてそのままかわかしたものである。

米の中には玄米の色が真っ黒に見えるいわゆる黒米*がある。中国ではこれを甘く煮て、まるで餡のようにして食べる料理がある。黒米はもちのものが多いが、これを甘く煮てアイスクリームに加えたものもある。これも日本の餡がわりであろうか。

料理ではないが、オフィシナリスと呼ばれる野生イネの米の粉は打ち身によいと、ミャンマーの人々は考えている。彼らはオフィシナリスの米粉を水で溶き、それを傷む部分に湿布のように貼り付けるのだという。オフィシナリスは中国にも分布し、中国名を薬用野生イネと呼ぶ。古くはイネも薬用植物のひとつだったのかもしれない。

一方日本では、米の調理法はご飯以外あまり発達していない。もちろんもち米を使っておこわや餅にしたり、あるいは「おかき」、「せんべい」などの菓子、米粉を使った団子などというバリエーションがあることは確かである。しかし、その生産量や歴史の長さなどを考えると、決して多様な食べ方があるとはいえない。どうしてだろうか。日本人には、米はやはり特殊な食べ物なのであろうか。

もち米の文化

中国の多くの地方では、もち米はときどき食べられている。日本では、もちはお正月くらいしか食べない家庭が多くなっているが、中国でも最近は似たような

黒米　先の黒紫米と同じもの。アントシアン系の色素による。

フォーの生地を乾燥する　米粉を練って半乾燥させ、うどん状にしたものを鳥ガラを煮詰めヌックマム（魚醤）で味付けしたスープに入れ、ねぎや香菜を加えて食べる［ラオス］

状況にある。ただし雲南省、貴州省から広西壮族自治州にかけて分布する少数民族の人びとはもち米に対する強い志向性をもっている。彼らは一年三百六十五日、一日三食もち米を食べている。多くの場合、もち米はおこわのようにして食べられるが、他にももち米を竹筒にいれその竹筒ごと焼いて蒸し焼きにした食べ方も各地に見られる。これとよく似たものはタイからラオス一帯でカオラムという名で広まっている。

もち米を日常的に食べる地域は中国南西部からインドシナ半島の中央部にかけて広がっており、この地域はかつて渡部忠世*教授によって「モチ稲栽培圏」と呼ばれた。モチ稲栽培圏は最近は狭まる傾向にあり、雲南省などでももち米の消費はしだいに減りつつあるという。

モチ稲栽培圏では、人びとはよくチャを飲むという。渡部教授の言葉を借りるならば、人びとは「よくもちを食べチャを飲む」のである。これにタケや絹を使う、などの習慣があることを考えると、この文化はまさしく照葉樹林文化そのものということになる。照葉樹林文化はかつての日本列島にも広く認められた文化様式である。中尾佐助*、上山春平*氏らは日本文化の源流が、中国奥地からインドシナ半島中央部にかけてのいわゆる「東亜半月弧」にあると説いたのはこうした事実に基づいてのことであった。しかしこの見方は歴史を忘れた見方であったように私には思われる。

私は長江文明を支えた人びとのもっていた文化が照葉樹林文化であったと考え

渡部忠世（わたべただよ）
1924年神奈川県生まれ。京都大学名誉教授。著論として『アジア稲作の系譜』（法政大学出版局）、『農業を考える時代―生活と生産の文化を探る』（農山漁村文化協会）、『もち（糯・餅）』（法政大学出版局）ほか

中尾佐助（なかおさすけ）
［1916―1993］愛知県生まれ。民族植物学、育種学を基盤として世界各地で野外調査を行う。著書に『秘境ブータン』（毎日新聞社）、『続・照葉樹林文化―東アジア文化の源流』（共著、中央公論社）ほか

上山春平（うえやましゅんぺい）
1921年台湾生まれ。哲学者。著書に『埋もれた巨像―国家論の試み』（岩波書店）、『仏教思想の遍歴―空海から親鸞へ』（角川書店）ほか

サトイモ、イネ、ヒガンバナ　こうしたセットは日本固有のセットではなく照葉樹林文化圏に共通してみられる複合要素の１つである［静岡県］

たい。いいかえると、長江文明の文化的基盤は照葉樹林文化*にあったと考えたい。照葉樹林文化は元来は長江流域に発達したものであったが、黄河流域に展開した黄河文明との衝突によってその存在の基盤を奪われ、インドシナ奥地へとおいやられてしまった。かつて日本文化の源流が「東亜半月弧*」にあるとの観察は、こうした時間軸を無視したものである。

米の酒いろいろ

古くからある米の利用法で忘れてはならないのが酒である。そして日本にも中国にも、米で作った伝統的な酒がある。穀物の酒は、大きく分けると二つにわかれる。種子に蓄えられたでんぷんを何らかの方法で糖に分解*してその糖をアルコール発酵させた醸造酒と、アルコール発酵させたものを蒸留した蒸留酒の二つである。米の酒にもこの二つがある。

醸造酒は日本にも中国にも代表的な酒がある。日本の米の醸造酒の代表格はなんといっても清酒である。清酒は醸した酒を絞って上澄みの部分だけを使うことから来る名であるが、過去には醸したままの酒もあった。中国の米の醸造酒の代表は紹興酒*である。これはもち米をかもして作った醸造酒で原理的には清酒と同じ製法で造られるが、発酵に使われる酵母菌の違いであの独特の香りと赤い色合いが醸し出される。

インドシナ山間部の少数民族の人びとの間にではもち米のどぶろく*が好まれ

照葉樹林文化　ネパールやブータンから雲南など中国の長江以南を歩いた中尾佐助が、中国雲南省を中心とする「東亜半月弧」から台湾や西日本までを覆う常緑のカシやシイ、クスノキ、ツバキ類の植生とそこで営まれる生活上の共通点を「照葉樹林文化」と名づけた。

東亜半月弧　インドの東からビルマ北部、中国の西にかけての国境地帯の、メコン川、揚子江、サルウィン川など東南アジアの主な河川の水元が集まっている地域

吉田集而によると、デンプンを糖に分解するには主に三つの方法があるが、米の酒の場合はそのうちカビ（コウジ）を用いる方法である。

紹興酒　その名称は代表的な産地である浙江省紹興に由来

どぶろく　與（もろみ）を漉（こ）し取らない、白く濁った酒

紹興酒を醸すのに使われるカメ

紹興酒のカメを運ぶ

る。チャン*などと呼ばれる醸造酒がそれで、もち米の玄米か、あるいは籾殻つきの米が甕の中で発酵させられる。飲むときになると、人びとは甕に水を注ぎストローをつっこんで、好きなだけ飲むことができる。液体の部分がなくなると新たに水を足して飲み続ける。それは、アルコール分がなくなるまで続けられるという。チャンは今ではラオスなどインドシナの山地部にみられる酒であるが、往時には中国の南西部にもあったであろうと想像される。

もち米の醸造酒は日本にもある。みりんと、いまではもっぱら桃の節句のころにだけ飲まれる白酒（しろざけ）がそれである。みりんや白酒の甘さは、それらがもち米でできていることによる。

米の酒の中には当然蒸留酒もある。日本では「米焼酎*」がそれにあたる。おもしろいことに、中国では蒸留酒は醸造酒より量も種類もずっと多いが、それは米を原料とするものではなく大半がコウリャンを原料とするもの（白酒＝ぱいちゅう）である。それは漢字で白酒とは書くが、日本の白酒（しろざけ）とはまったく別物である。

米の蒸留酒は中国では雲南省など南西部の諸州にあった。それは醸造酒であるチャン同様、今ではラオスなどインドシナ半島に広く認められるものの、中国での分布は大きくはない。ラオスで広く愛飲されるラオ・ラオは、もち米を原料とし、醸造後蒸留して造る蒸留酒で、現地の人々に広く親しまれている。その味や製法、原料は、沖縄の泡盛*と瓜二つである。

チャン（インドシナ山間部のどぶろく）シコクビエ、米、大麦、小麦などからつくられる。蒸した原料にそば粉や米粉でつくった餅麹をまぜ、竹籠の中で二日間ほど発酵させたのち、壺に移して一～二週間固体発酵させてできる。発酵した固体に湯を注ぎ、先端に切れ目の入った竹製ストローで濾過しながら飲むか、あるいはザルにもろみをとり、湯を注いで酒をもみ出し、その酒を飲む。

焼酎 穀類、芋類などを麹で糖化し、アルコール発酵させたものを蒸留してできた日本固有の蒸留酒。アルコール度数20～35度のものが多く、甲類と乙類がある。

泡盛 米を蒸して黒麹菌と水を加え、糖化・発酵させたのち単式蒸溜器で蒸溜してできる。甕で貯蔵され、目減り分を新酒で足しながら長期熟成される。15世紀半ばには生産されていた。

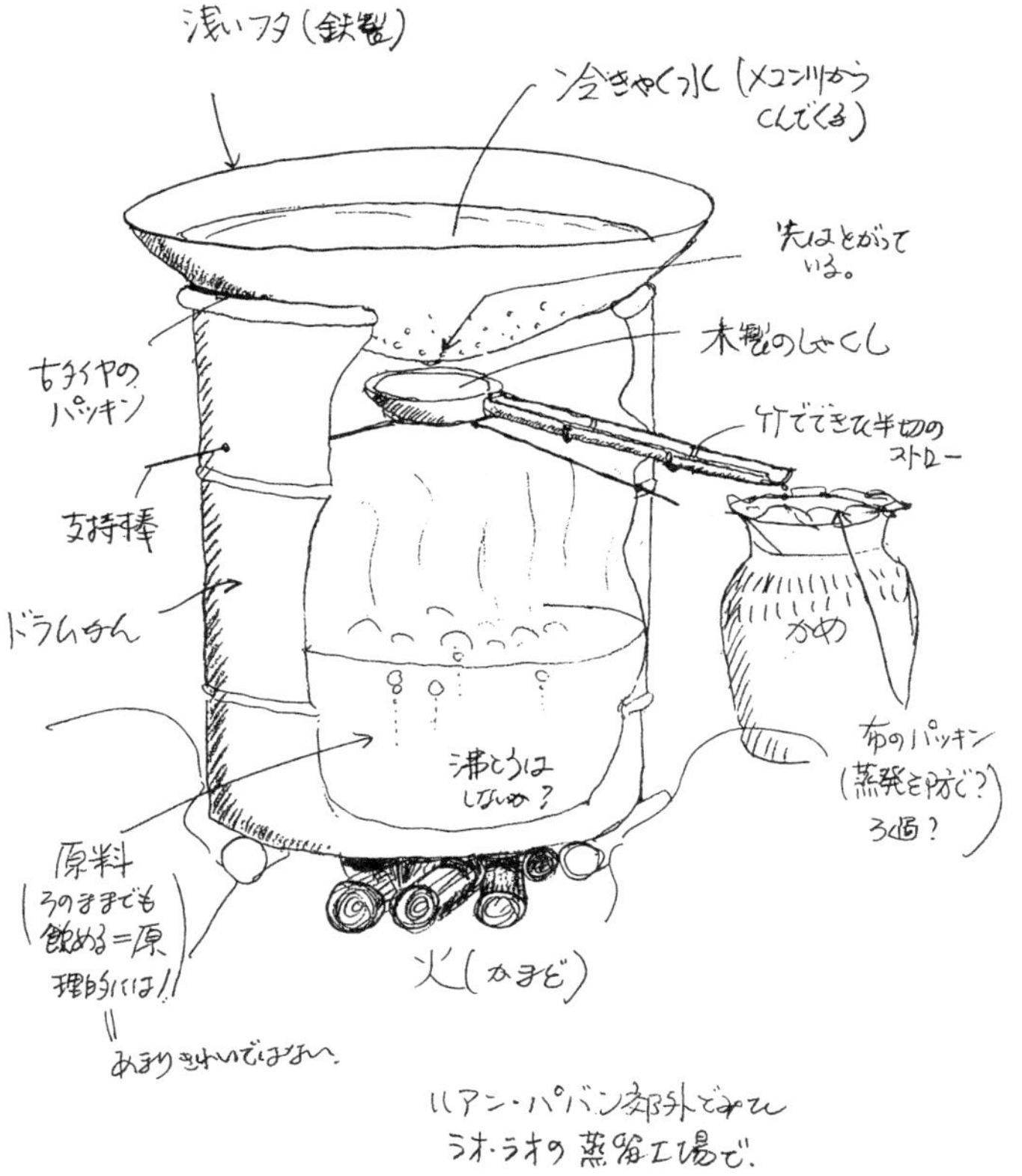

蒸留の原理（下の装置を佐藤スケッチ）

モチ米の蒸留酒「ラオラオ」の蒸留風景
［ルアン・パバン］

中国の酒、日本の酒

二十数年前、初めて中国は紹興《チャオシンチュウ》酒の本場、紹興の町を訪ねたときのこと。いかにも歴史を感じさせる家並みの裏や町はずれにひろがる田園地帯まで、至るところにクリークが流れているのを見て、ふと濠川をめぐらせたわが酒の町、京は伏見の情景が浮かんできた。お陰で中国の酒にもなんだか親近感が湧いてきたのを思い出す。

しかし、酒の風味はかなり違っていた。中国では焼酎を白酒《バイチュウ》、醸造酒を黄酒《フォワンチュウ》と総称、紹興酒は黄酒の代表だが、色は濃褐色、その香味はきわめて複雑で濃醇。これに比べると、現在の日本の清酒は、ほとんど色が無いといえるほどクリヤー、吟醸酒など果物のような華やかな香りをただよわせるものもあり、味もすこぶる繊細。果たしてこの二つの酒が同じように米を原料とし、東アジア共通のコウジを使う酒なのかと疑いたくなるほどである。

しかも、日本の酒のルーツが弥生時代、大陸からいろんなルートを通って日本列島に伝えられた稲作農耕の複合文化の一環だというのだから、誠に興味深い。

現在中国では、コウジは生のままの麦や豆類を破砕、水で練り固めた塊に自然に生えてくるクモノスカビなど数多くの微生物を一ヵ月もかけて繁殖させた、褐色でモチ状のコウジ（大曲《ターチー》）を使っている。これに対し日本は、高度に精白した米を蒸し、巧みに木灰を利用して純化させた黄コウジ菌をこれにうえつけ、二日ほど繁殖させた真白な粒状の米コウジを使うというのが第一の相違。

さらに、中国では三ヵ月もかかる二次発酵や三〜五年という長期の貯蔵によって熟成する香味の重厚さを喜ぶのに対し、日本では特に選別された酵母やきめこまかい発酵管理によって初めて生まれる、フレッシュな香りと洗練されたまろやかさをめざすのも大きな違い。

これらは、二千数百年もの永い歴史の中で、両者がそれぞれの習俗や文化、食事の嗜好などの赴くままに、次第に異なった方向へと発展していった結果だと考えられる。

栗山一秀（月桂冠大倉記念館・名誉館長）

日本清酒の米コウジ

現在では厳密な温度管理のもとに、密閉型二重式金属タンクで発酵を行なう［月桂冠清酒工場］

中国紹興酒の麦コウジ（大曲）

紹興酒の工場［中国］

今も濠河沿いには白壁土蔵造りの酒蔵が並ぶ［京都］

おわりに

イネに限らず、栽培植物の移動は文化の移動を伴う。イネが動いたということは文化が動いたということでもある。だが、文化の移動が常にヒトの移動を伴ったとは限らない。また、伝わった文化がもとのままの形で新天地で生き残るとも限らない。それは、先住民とその文化の洗礼を受け、修飾を受けてそこに定着するか、さもなければ滅ぼされてしまう。

日中の文化交流に関する従来の歴史書をひもとくと、そこには必ずといっていいほど文化の先進地中国と後進地日本という構図が見え隠れする。つまり多くの文化要素が中国から日本への一方通行のように流れてきたとみられてきたのである。たしかに文字の定着、国家の成立などの側面を見る限りこの西高東低の構図が厳然と存在するかのようである。イネや稲作文化の交流もまた、中国から日本への一方通行であったと考えられてきた。それはちょうど一本の川をめぐって、あらゆるものが川上から川下へ流れてゆくということ、つまり川下は川上のすべてを受容せざるを得ないのと同じである。イネや米に関しても、日本はあくまで受身の立場にあり、原因者はつねに中国であるという構図が描かれてきたのである。

しかし本書でみてきたように、イネの日中交流がはじまって五〇〇〇年の歴史で、日本のヒトや風土は中国のイネや稲作を無条件に、あるいは受動的に受け入れてきたのではない。入ってきたイネやその文化は、日本文化あるいは日本の風土というフィルターを通された。その結果あるものは水際で流入を拒否され、またあるものは姿を変えて日本で定着した。

そればかりか日本育ちのイネやイネの文化の中には、品種「金南風」をはじめとする「農墾」品種群やハイブリッドライスの技術のように、反対に中国に伝わって定着したケースも決して少なくはなかった。とくに全中国の粳品種の交配に用いられた日本の水稲品種の数が相当数に及ぶことは、日本から中国へという遺伝子の流れが単発的・一過的なものではないことを教えている。最近では中国各地で「コシヒカリ」や「あきたこまち」の栽培が広まっているとも聞く。それらは米の輸入自由化の動きにあわせるように日本に「再輸入」されるに相違ない。役所や法律がどんなに制限を課そうとも、これらの流入を食い止めるのは困難である。おそらく次の五〇年の間に、日中の水稲品種の遺伝質は二〇〇〇年前同様、混沌の坩堝に落ちそうな気配さえ感じられる。

文化の動きは、ヒトの動き同様一方通行にはならない。そしてそれは、ヒトの意思同様厄介で不可解なものであり、それでいて、政治や少数者の権力・意思では決して食い止めることのできない存在でもある。五〇〇〇年におよぶ日中間でのイネやその文化の動きは、そのことを改めて示しているように私には思われた。

謝辞

本書を書くにあたり、いつもながらいろいろな方がたのお世話になった。月桂冠の栗山一秀さんには清酒と紹興酒のことについてコラムの原稿を頂いたり貴重な写真をお貸し願った。東海大学の渡部武さんは陂塘稲田模型の写真やスケッチを提供下さったばかりか説明文をお書き下さった。宮崎大学の藤原宏志さんと宇田津徹朗さんからはプラントオパールの写真や中国草鞋山の写真・図面の提供を頂いた。54–55頁の絵は画家・石井正美さんに『日経サイエンス』用に描いてもらったものを再度使わせていただいた。これら私の大先輩たちにはいつも助けて頂いてばかりで、いつかお返しをしなければと思っている。

他にもいたるところで写真や図面の提供を頂いたりお教えを頂いたところもある。全部をご紹介できないのは心がいたむが、スペースの関係などで割愛をさせていただきたい。最後に、本書の編集にあたり献身的なお手伝いを下さった『中国文化百華』企画編集室の皆さんにお礼を申し上げておきたい。

雨にけぶる桜島を見ながら

佐藤洋一郎

二〇〇三年六月

参考文献一覧

中国水稲研究所編「中国水稲種植区劃」1989　浙江科学技術出版社

王象坤・孫伝清編「中国栽培稲起源与演化研究専集」1996　中国農業大学出版社

張麗華・応存山編「浙江稲種資源図志」1993　浙江科学技術出版社

丁頴主編「中国水稲栽培学」1961　農業出版社

厳文明・安田喜憲編「稲作　陶器和都市的起源」2000　文物出版社

林世成・閔紹楷楕編「中国水稲品種及其系譜」1991　上海科技出版社

超則勝ら編「中国特種稲」1995　上海科技出版社

孫宗修・程式華主編「雑交水稲育種」1994　中国農業科技出版社

浙江省文物考古研究所ら編「良渚文化玉器」1990　文物出版社・両木出版社

Oka,H.-I.「Origin of Cultivated Rice」1988　JSPS/Elsevier

嵐嘉一「日本赤米考」1974　雄山閣出版

嵐嘉一「近世稲作技術史」1975　農文協

稲盛和夫・梅原猛「良渚遺跡への旅」1995　PHP研究所

梅原猛・厳文明・樋口隆康「長江文明の曙」2000　角川書店

NHKスペシャル「日本人」プロジェクト編「日本人はるかな旅４」2001　日本放送出版協会

岡彦一「稲作の起源」1997　八坂書房

川勝平太・安田喜憲「敵を作る文明　和をなす文明」2003　PHP研究所

佐々木高明・森島啓子編「日本文化の起源」1993　講談社

佐藤洋一郎「ＤＮＡが語る稲作文明」1996　日本放送出版協会

佐藤洋一郎「稲の日本史」2002　角川書店

中尾佐助「栽培植物と農耕の起源（岩波新書）」1966　岩波書店

中尾佐助「花と木の文化史（岩波新書）」1986　岩波書店

中村慎一「稲の考古学」2002　同成社

福永光司「「馬」の文化と「船」の文化」1996　人文書院

藤原宏志「稲作の起源を探る（岩波新書）」1998　岩波書店

森浩一「日本の古代４　縄文・弥生の生活」1986　中央公論社

盛永俊太郎「日本の稲」1957　養賢堂

森島啓子「野生イネへの旅」2001　裳華房

安田喜憲「環境考古学事始」1980　日本放送出版協会

安田喜憲「気候と文明の盛衰」1990　朝倉書店

吉田集而「東方アジアの酒の起源」1993　ドメス出版

渡部武・陳文華編「中国の稲作起源」1989　六興出版

和辻哲郎「風土」1979　岩波書店

■図版リスト

『中華古文明大図集　第二集神農』（宜新文化事業有限公司・楽天文化公司　1992）p.26／p.37右
『中国』（五洲伝播出版社2002）p.31上／p.38／p.43上／p.201中右
『中国歴史文化名城叢書　揚州』（中国建築工業出版社　1991）p.47中
『当代博物館叢書　地理博物館』（河南教育出版社　1995）p.51下
『俯瞰中国』（長城出版社・中国出版対外貿易総公司・洲際出版公司　1988）p.50左
『中国地理—自然・経済・人文』（五洲伝播出版社　1998）p.30
尚弘子／監修『沖縄ぬちぐすい事典—沖縄から伝える健康と長寿』（プロジェクト・シュリ　2002）p.32
渡部武、陳文華編『中国の稲作起源』（六興出版　1989）p.76右
『稲のアジア史1』（小学館）p.156
『宇宙から見た世界の農業—農業・食糧の現在と未来を考える』（共立出版　1983）p.118
『躍動アジア　ヴェトナム』（アジア文化交流協会）p.78

■各章扉のカットは筆者
1—野生イネの開花　2—鉢に線刻されたイノシシ（?）［河姆渡遺跡］　3—神獣人面模様［良渚遺跡］　4—籐の巻かれた骨耜（骨製鋤先）［河姆渡遺跡］　5—杭州郊外の農家　6—土間に置かれたキネとウス［雲南省］　7—ハスの実　8—運河を行く小船（紹興）　9—漢代の墓

■写真協力

馮学敏　p.97右下／p.99中／p.108下／p.112上・中
劉世昭　p.29／p.41右下／p.99上
王秋杭　p.197上・下
橋本紘二　p.37左／P.100
大村次郷　p.110右／p.111左上／p.193
宇根　豊　p.109下
宇田津徹朗　p.64／p.66／p.105下左右
月桂冠大倉記念館　p.112下左右／p.201上左右・中左・下
ベトナム通信社　p.108中／p.111右上
岩下　守　p.50右
桜井健太郎　p.93
千葉　寛　p.109左上／p.111中左・下左
倉持正実　p.111下右
農文協　p.131左下
森島啓子　p.13上／p.19上
コラム　p.26　文／p.146–147　文・写真／ともに編集部

＊掲載の写真は右記以外筆者撮影

図説❖中国文化百華
第4巻 イネが語る日本と中国
交流の大河五〇〇〇年

発行日　二〇〇三年八月二十五日　第一刷発行
　　　　二〇〇九年一月十五日　第二刷発行

著者　佐藤　洋一郎

企画・編集・制作　「中国文化百華」編集室
企画・発行　(社)農山漁村文化協会
東京都港区赤坂七―六―一
郵便番号一〇七―八六六八
電話番号〇三―三五八五―一一四一［営業］
　　　　〇三―三五八五―一一四五［編集］
ＦＡＸ　〇三―三五八五―一三八七
振込　〇〇一二〇―三―一四四四七八
印刷／製本　(株)東京印書館
ISBN978-4-540-03093-2
〈検印廃止〉
定価はカバーに表示